U0241994

"十四五"职业教育国家规划教材

全国高职高专印刷与包装类专业教学指导委员会规划统编教材
国家精品课程"印刷概论"主讲教材
国家教学资源库"印刷与数字印刷技术"子项目"印刷概论"主讲教材

印刷概论

顾　萍　编著
程杰铭　主审

中国轻工业出版社

图书在版编目（CIP）数据

印刷概论/顾萍编著. —北京：中国轻工业出版社，2024.9

全国高职高专印刷与包装类专业教学指导委员会规划统编教材　国家精品课程"印刷概论"主讲教材　国家教学资源库"印刷与数字印刷技术"子项目"印刷概论"主讲教材

ISBN 978-7-5019-9379-6

Ⅰ.①印…　Ⅱ.①顾…　Ⅲ.①印刷-高等职业教育-教材　Ⅳ.①TS8

中国版本图书馆 CIP 数据核字（2013）第 167813 号

责任编辑：杜宇芳

策划编辑：杜宇芳　　责任终审：张乃柬　　封面设计：锋尚设计
版式设计：宋振全　　责任校对：燕　杰　　责任监印：张　可

出版发行：中国轻工业出版社（北京鲁谷东街 5 号，邮编：100040）
印　　刷：三河市万龙印装有限公司
经　　销：各地新华书店
版　　次：2024 年 9 月第 1 版第 16 次印刷
开　　本：787×1092　1/16　印张：12.25
字　　数：310 千字
书　　号：ISBN 978-7-5019-9379-6　　定价：34.00 元
邮购电话：010-85119873
发行电话：010-85119832　　010-85119912
网　　址：http://www.chlip.com.cn
Email：club@chlip.com.cn

版权所有　侵权必究
如发现图书残缺请直接与我社邮购联系调换
241622J2C116ZBW

前　言

一、本教材特点

印刷是为信息传播而诞生的，自古以来，印刷品一直是人类信息交流的主要传播媒体。随着时代的前进，科学技术的发展，其他的信息传播形式也已相继出现。多样化的媒体使人们对接收信息的方式有了多种选择。而全球印刷工业不断吸收先进数字技术和网络技术的精华，传统印刷业也已经完成了信息可视化、内容数字化和表达彩色化的产业"数字化"转型，使印刷技术、工艺、服务方式方法以及对象也随之发生了很大的变化。

《印刷概论》是印刷、包装类专业的重要基础课程，其知识重点理应以最新技术、工艺、设备和材料为主。考虑到原来的教材已不能满足这一要求，编写一本能反映当代最新印刷科技成果的教材就成了当务之急。

本教材的编写是以《国务院关于加快发展现代职业教育的规定》（国发〔2014〕19号）及《现代职业教育体系建设规划（2014—2020年）》（教发〔2014〕6号）为指导思想，由长期从事教学并具有丰富教学实践经验的教师编写。教材针对高职高专的教学特点，注重实践能力的培养，增强教学过程的实践性、开放性和职业性，把教材、教法有机结合，增强教材的可操作性，便于教师的教学和学生的学习。

本教材具有以下特点：①针对性强。新教材将根据高职高专学生基础相对薄弱、对概念性、理论性强的内容不易接受等特点，简化教材内容，将抽象概念具体化、深奥理论浅显化。把对理论内容的理解和运用建立在丰富多彩的现实生活基础上，以形式多样、切实可行的实训项目、丰富多样的插图来帮助和吸引学生学习，激发他们的学习兴趣。②内容最新。教材编写紧跟行业转型、现代印刷与经济社会发展和科技进步步伐，内容体现时代性和先进性，使学生通过学习本教材，达到知识面比较宽泛，思路开阔，能适应多行业、多岗位的知识技能要求的目的。③注重能力培养：培养学生动手能力，每章都有引入一定的实训项目，实训项目的设计尽可能注重突出学生主体，强调学生的主动参与，具有可操作性、广泛性、实际性、趣味性强的特点。④有章可循。印刷概论课程是2006年度高职高专国家级精品课程，又是教育部2011年度"印刷与数字印刷技术"高等职业教育专业教学资源库项目之一，该课程2013年又获批国家级精品资源共享课。教材以国家教学资源库项目子项目"印刷概论"制订的课程标准为依据，有效保证课程教学的基本要求及教学学时数。

本教材按印刷整个工艺过程前后次序为主线，内容主要包括印刷基础、印前设计、印前处理、印刷和印后加工，每章后均附有习题和能力项目。习题有判断题、单项选择题和简答题三种类型，内容高度凝练，以供学生检测和巩固学习内容和知识要点。能力项目实用而具体，每个项目都有明确的目的和要求，学生按照步骤完全可以独立完成各个项目，从而检测学生的实际能力及综合能力。

书后附录中编入了习题答案、常用印刷工具资料。同时还附有彩图，对一些疑难内容和能力项目用彩色图像描述。本书还配有 APP 电子书，以加深学生对这方面知识的理解和运用。

本教材是高职高专教材，可供印刷及相关专业使用。同时也可供广告公司、图文制作公司、快印公司、印刷行业等专业人员参考。对于那些打算全面了解印刷技术的读者，本书也是一本很好的基础读物。希望本书能得到广大读者的喜爱，同时也希望同业人员能不吝指教，以便再版时修订。

二、本教材教学建议

（一）教学拟达到的目标

通过本课程的学习，学生应在学习和实践中培养良好的敬业精神和职业道德，并对印刷概况、印刷在国民经济发展中的地位和作用、我国印刷工业发展的现状及印刷业的发展趋势、印前处理、印刷、印后加工等整个印刷工艺过程有个基本的认识，为学生进一步学习后继课程提供帮助。具体目标如下：

1. 素质目标

（1）具有良好的政治、文化及艺术修养；

（2）具有职业道德、服务意识和健康的体魄，并具有较强的语言文字表达、团结协作和社会活动等基本能力；

（3）具有科学的工作态度，严谨细致的专业学风。

2. 知识目标

（1）初步了解印刷发展史；

（2）初步了解印刷工业在国民经济中的作用；

（3）了解印刷的基本要素和印刷方式；

（4）了解印刷复制基本原理；

（5）了解印前设计与图文处理知识；

（6）了解不同印版的制作方式及印刷技术；

（7）了解印后加工方法；

（8）了解印刷品质量检测标准和方法。

3. 能力目标

（1）初步具备认知印刷要素的能力；

（2）初步具备认知各种印刷方式的能力；

（3）初步具备印刷色彩的认知能力；

（4）初步具备印刷网点的识别能力；

（5）初步掌握五笔字型输入技术；

（6）初步掌握图像扫描技术；

（7）初步具备图文处理、图文输出的认知能力；

（8）初步具备辨别不同印刷品所运用的印刷技术的能力；

（9）初步具备判断印刷品质量优劣的能力；

（10）初步具备印刷资料查阅和自主学习的能力。

4. 思政元素

（1）弘扬爱国主义精神；

（2）热爱中华优秀文化；

（3）弘扬"工匠"精神；

（4）走技能成才技能报国之路；

（5）增强专业认同，奋发有为；

（6）培养积极向上的审美情趣；

（7）绿色印刷，低碳环保；

（8）学术诚信，求真务实，开拓进取。

（二）课时安排建议

印刷概论课程在第1学年开设，课程学分为2+1学分，课程学时为48学时，其中长学期2学分（32课时），短学期（职业认知实训）1学分（16课时），理论教学26学时，实验实践教学22学时。课程安排见表1。

表 1　　　　　　　　　　课时安排

单　　元	课　　时			
	长学期		短学期	
	理论	能力项目	实训	合计
印刷基础	7	2	2	11
印前设计	3	0	2	5
印前处理	5	2	4	11
印　刷	9	2	6	17
印后加工	2		2	4
合　计	26	6	16	48

（三）考核评价建议

建议采取课程教学过程中项目完成情况、阶段性测试、实践报告等多元性评价的方式，即按照学生完成项目任务效果、单项能力考核、总结考试情况来综合评价学生成绩，评价时应侧重考核学生综合运用所学知识的能力及解决实际问题、分析问题的能力。考核评价设计见表2。

表 2　　　　　　　　　　考核评价设计

序号	考核内容提要	所占分数
1	出勤率、课堂表现	10
2	能力训练项目完成情况	20
3	课后作业完成情况	10
4	自主学习能力情况（查阅印刷相关文献能力、不同印刷品收集、整理等能力）	10
5	期末考核	50
合计		100分

（四）课程思政宏观设计

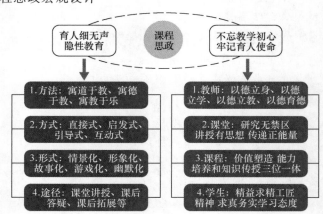

（五）资源利用建议

印刷概论课程是 2006 年度的国家精品课程，该课程 2013 年又获批国家级精品资源共享课。至今已有较丰富的网络资源，国家精品资源共享课网址：http://www.icourses.cn/mooc/。

该课程又是教育部 2011 年度"印刷与数字印刷技术"高等职业教育专业教学资源库项目之一，该资源库建设内容有：文本资源、图片资源、动画资源、视频资源、教学课件资源、模拟工作过程资源、题库资源等。资源库建成后，将是学生、老师或相关企业人员获取课程信息和课程资料的重要平台，将为学生自主学习带来极大的便利，从而提高教学质量。

国家教学资源库：中国高职高专教育网/数字化学习资源中心

网站：http://121.192.32.131/zyjs/index.aspx

三、诚挚感谢

在本教材编写过程中，得到了上海出版印刷高等专科学校常务副校长滕跃民教授、印刷包装工程系主任徐东副教授、印刷实训中心主任高级技师薛克老师及郝清霞、田全慧副教授、"平版制版工全国技术能手"崔庆斌老师、钱志伟老师以及唐偲、刘艳、高雪玲、牟笑竹、于明伟、戚昇超、汪薇老师及实训中心各位老师的大力支持，也得到了天津职业大学郝晓秀教授、魏娜老师的帮助，在此表示万分感谢。在此书的编写过程中，上海界龙实业集团股份有限公司总工程师蔡志荣先生、维尔特图像技术（上海）有限公司技术兼支持总监卑江艳女士、富士胶片（中国）投资有限公司印刷产品事业部高级经理夏宴宾先生、柯达（中国）投资有限公司柔性版事业部资深技术专家王召勇先生、雅昌文化集团上海雅昌彩色印刷有限公司孙连丰先生等行业专家们提出了宝贵的意见和建议，在此，对各位专家表示诚挚的谢意。

最后，恳请各位印刷界前辈、专家和同行对本书的不足之处予以批评指正。

编者

2021 年 08 月

目 录

| 第 1 章 | 印刷基础

1.1　印刷术起源与发明

1　1.1.1　印刷术发明的条件
5　1.1.2　凸版印刷术
10　1.1.3　凹版印刷术
12　1.1.4　平版印刷术
14　1.1.5　孔版印刷术
15　1.1.6　数字印刷

1.2　印刷定义及流程

16　1.2.1　定义
17　1.2.2　作用
17　1.2.3　工艺流程

1.3　现代印刷行业特征与发展趋势

19　1.3.1　行业特征
20　1.3.2　发展趋势

1.4　印刷要素与分类

23　1.4.1　印刷要素
31　1.4.2　印刷分类

1.5　印刷复制基础

32　1.5.1　色彩基础
37　1.5.2　加网基础

习题

能力项目

| 第 2 章 | 印前设计

2.1　版式设计要素

48　2.1.1　文字
50　2.1.2　图片

2.2　书籍版式设计

53 ┊ 2.2.1　开本设计
55 ┊ 2.2.2　正文设计及版式
56 ┊ 2.2.3　书籍封面设计

2.3　报纸版面设计

57 ┊ 2.3.1　报纸版面结构
58 ┊ 2.3.2　报纸版面设计

2.4　海报招贴设计

59 ┊ 2.4.1　海报特点
60 ┊ 2.4.2　海报种类
60 ┊ 2.4.3　海报设计要点

2.5　包装盒型设计

62 ┊ 2.5.1　包装盒型结构
62 ┊ 2.5.2　盒型设计原则
63 ┊ 2.5.3　盒型设计要素

2.6　印刷版式解读

64 ┊ 2.6.1　印刷版式
64 ┊ 2.6.2　版式信息解读

习题

能力项目

第3章 | 印前处理

3.1　图文输入

67 ┊ 3.1.1　文字输入
70 ┊ 3.1.2　图像输入

3.2　图文处理

77 ┊ 3.2.1　硬件系统
78 ┊ 3.2.2　应用软件
78 ┊ 3.2.3　文件格式

3.3　图文输出

79 ┊ 3.3.1　数字工作流程
82 ┊ 3.3.2　数码打样

习题

能力项目

| 第 4 章 | 印刷

4.1 平版印刷

87	4.1.1 平版制版
95	4.1.2 平版印刷
100	4.1.3 平版印刷应用

4.2 柔性/凸版印刷

101	4.2.1 柔性版制版
106	4.2.2 柔性版印刷
109	4.2.3 柔性版印刷应用
110	4.2.4 凸版印刷

4.3 凹版印刷

113	4.3.1 凹版制版
120	4.3.2 凹版印刷
122	4.3.3 凹版印刷应用

4.4 丝网印刷

124	4.4.1 丝网制版
129	4.4.2 丝网印刷
133	4.4.3 丝网印刷应用

4.5 数字印刷

134	4.5.1 数字印刷系统
135	4.5.2 数字印刷分类
139	4.5.3 数字印刷应用

习题

能力项目

| 第 5 章 | 印后加工

5.1 书刊装订

| 144 | 5.1.1 书刊平装工艺 |
| 151 | 5.1.2 精装书装订工艺 |

5.2 印刷品表面装饰加工

153	5.2.1 上光
154	5.2.2 覆膜
155	5.2.3 烫印

157　5.2.4　模切与压痕
158　5.2.5　凹凸压印

习题

能力项目

|附录一|　课程思政教案选篇

|附录二|　黑白附页

附页 1　习题答案

附页 2　纸张开度规格

附页 3　纸张常用开法一览表

附页 4　五笔字根总表

|附录三|　彩色附页

170　彩图 1　色彩三属性
170　彩图 2　色光加色、色料减色法
171　彩图 3　彩色原稿分色原理图
171　彩图 4　彩色原稿分色实样
172　彩图 5　网点叠合、网点并列
172　彩图 6　网点角度差
173　彩图 7　不同加网线数
173　彩图 8　颜色样本
174　彩图 9　色谱代码表
175　彩图 10　印刷版式
175　彩图 11　平版印刷印迹特征
176　彩图 12　柔版印刷印迹特征
176　彩图 13　凸版印刷印迹特征
176　彩图 14　凹版印刷印迹特征
177　彩图 15　丝网版印刷印迹特征
177　彩图 16　数字印刷印迹特征

|　参考文献　|

第1章
印刷基础

印刷术是我国古代四大发明之一，它和指南针、火药、造纸并称为中国古代四大发明。印刷术的发明是我国古代劳动人民智慧的代表，它对人类文明和社会进步产生了巨大的推动作用。如今，印刷业已作为我国新闻出版业的重要组成部分，是文化产业的主要载体实现形式之一，它兼具制造业、服务业、信息业等多重属性，是我国国民经济重要产业部门。

1.1　印刷术起源与发明

在人类历史上，任何工艺技术发明，特别是重大工艺技术发明，都有赖于社会对它的需求和物质条件的具备，印刷术也不例外。印刷术发明取决于社会在文化和生活各方面对印刷复制技术的需求，而这一需求的实现，又是以包括文字产生、发展和规范，以及印刷原材料在内的物质条件的具备为前提，文字与印刷术的诞生和发展有着密不可分的关系。

1.1.1　印刷术发明的条件

（1）前提条件——文字的产生　印刷作为复制传播技术，其复制对象和内容主要是图片和文字两大类，其中尤以文字为多，在中国古代社会更是如此。

中国的文字最早是从图画中分离、转化而来，而这些早期的文字和图画，正是人们在长期生产实践中，出于记载和传播信息、交流思想的需要创造出来的，如"结绳记事"和"刻木记事"，又如把周围环境中与生活有密切关系的动物、植物、自然现象等，画在居住的洞穴石壁上来表达事物。图画本来只是反映具体事物的形象，但在人们习惯于用这些图画来表达一定思想之后，逐渐简化为一定形式的图案符号，人们看见这些符号就会想起它们所代表的意思并与语言相对应。这样，这些符号就逐渐成了人们用作长距离、永久性地交换思想的工具，从而产生了最原始的文字——象形文字。中国文字的演变如图 1-1所示。

汉字的字体在长期的发展过程中不断变化，最早的是殷商时代的甲骨文（图 1-2）和

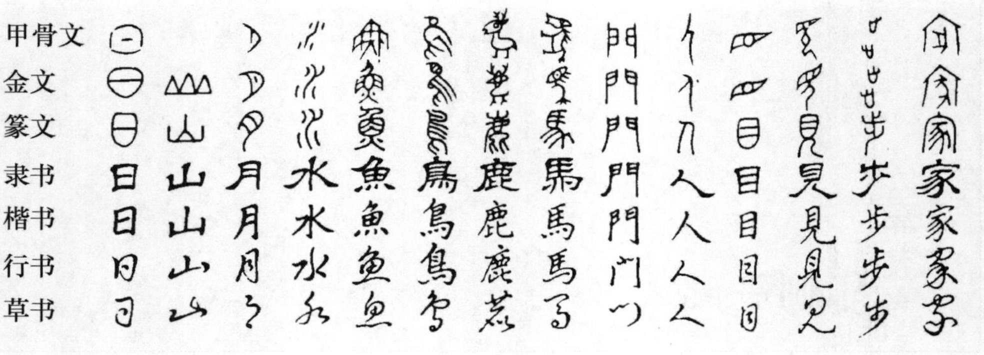

甲骨文									
金文									
篆文									
隶书									
楷书									
行书									
草书									

图 1-1　中国文字的演变

周朝的大篆（也叫金文、钟鼎文，图 1-3），历经秦代的小篆、汉代的隶书、魏晋的楷书，最后演变成今天的简化字。所以，文字是由象形文字经简化、统一、逐步创造、演变，才形成今日的汉字。

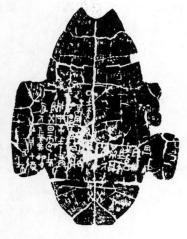

图 1-2　甲骨文字

图 1-3　钟鼎文字

　　（2）物质基础——笔、墨、纸的发明　笔、纸、墨的相继发明，为文字的存留创造了必要的物质基础。大约在印刷术发明前 1000 年的时候，我国就出现了毛笔，当时用兔毫作笔头，以细竹为笔杆，古称"战国笔"，蘸朱砂之类的有色物料在竹简、丝帛之类的载体上涂画。毛笔涂画便捷、经久耐用，经历代相传，不断改进，成为上好的书写工具沿用至今。但竹简十分笨重，而且不易保存；丝帛价格昂贵，并且易虫蛀朽烂。

　　公元 2 世纪初，东汉和帝年间，蔡伦总结了前人抄造纸张的经验，采用树皮、麻头、破布、旧渔网等原料，制成了质地优良的植物纤维纸，人称"蔡侯纸"（图 1-4）。纸张具有轻便柔软、韧性良好、制造容易、价格便宜等优点，是十分合适的书写材料，很快就取代了笨重的竹简和昂贵的丝帛。

　　到了公元三世纪，我国制成了烟炱墨，这种墨用松烟和动物胶配制而成，易溶不晕，色浓不脱，非常适用于书写和印刷。笔墨砚如图 1-5 所示。

　　古老的造纸技术在我国目前还有存留。如我国著名的古籍书出版集团华宝斋文化出版

图1-4　蔡伦纸

图1-5　笔墨砚

集团，在浙江富春江畔投资兴建了中国古代造纸印刷文化村（图1-6），将中国古代四大发明中的两项技术造纸术和印刷术在文化村完整体现。文化村造纸坊如图1-7所示。

图1-6　中国古代造纸印刷文化村

图1-7　文化村造纸坊

（3）技术条件——捺印及拓印的应用　在印刷术发明前，文化的传播主要靠手抄的书籍。但是，一个字一个字的抄写实在费时费力。如果遇着卷帙浩繁的著作，就得要抄写几年，甚至更长时间。抄写时还会有抄错抄漏的可能，这样对于文化的传播会带来不应有的损失。另一方面，随着社会经济、文化发展，需要读书的人越来越多，无法满足人们对文化的要求。这就为印刷术的发明提出了客观的要求。

印章和石刻的长期使用给印刷术发明提供了启示。印章是用反刻的文字取得正写文字的方法，不过印章一般字都很少，石刻是印章的扩大。秦国的十个石鼓是现在能见到的最早的石刻。后来，甚至有人把整本书刻在石头上，作为古代读书人的"读本"。公元四世纪左右的晋代，发明了用纸在石碑上墨拓的方法。春秋战国时代和秦汉时期的印章如图1-8、图1-9所示。

拓印，也称"拓石"（图1-10），也指现在的"碑帖"，是纸张广泛使用后出现的一种文字复制技术，其工艺是：将纸张润湿后铺于碑刻（石刻或木刻）文字上，用刷子轻轻敲打，使纸张凹入文字笔画中，待纸张干燥后用刷子蘸墨，轻轻地、均匀地拍刷，使墨均匀地涂布纸上，就呈现出黑底白字的拓印品。不同时期的拓片、残石等如图1-11、图1-12、图1-13所示。

图 1-8   春秋战国时代的印章

图 1-9   秦汉时期的印章

图 1-10   拓印

图 1-11   现存最早的拓片"温泉铭"

图 1-12   汉熹平石经残石

图 1-13   梁武帝时的反书倒读

综上所述，文字的产生、笔墨纸的发明、印章拓印技术的发明，以及在当时社会历史条件下，宗教和科普知识的盛行，人类对文字资料的大量需求，人们迫切需要一种图书资料的复制技术，这些条件对印刷术的产生和不断发展起到了决定性的作用。

1.1.2 凸版印刷术

（1）雕版印刷术 雕版印刷是种类繁多印刷术中最先发明的，是凸版印刷术的雏形，也是其他种类印刷的基础。雕版印刷从工艺技术的总体上，有单色雕印和彩色雕印之分；从印刷形态上，有凸印和漏印之别。雕刻印刷工具如图1-14所示。

图1-14 雕刻印刷工具

雕版印刷术的工艺过程如下：把硬度较大的木材刨平、锯开，表面刷一层稀浆糊，然后把写好字的透明薄纸，字面向下贴在木板上，干燥后用刀雕刻出反向、凸起的文字，成为凸版。经过在版面上刷墨、铺纸、加压力后揭起纸张，便得到了正写的文字印刷品。雕刻印刷工艺流程见图1-15。木刻印刷版如图1-16所示。

以细纹理木材制成手整木板 → 将写文字的干薄纸反贴于木 → 雕刻文字或图案 → 刷印于纸张上 → 将印页装订成册或卷

图1-15 雕刻工艺流程

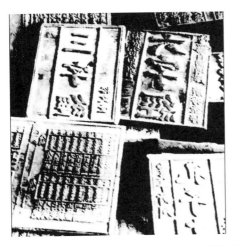

图1-16 木刻印刷版

印刷术究竟是哪个年代发明的？根据现有资料，已无法确定。从现存最早文献和最早的印刷实物来看，我国雕版印刷术应该出现于隋唐时期。

到目前为止，唐代印刷品已有多处发现，使我们能目睹当时印刷的技艺水准和风貌。唐朝后期留存下来的实物，也充分证明了上述的论断。如公元1900年，在我国甘肃省敦煌千佛洞发现的大批文物中，有一卷刻印精致的《金刚经》，它长一丈六尺，宽一尺，由七个印张粘接而成，上面刻有佛像和经文，卷尾落款是："咸通九年四月十五日王玠为二亲敬造普施"。咸通九年即公元868年。该书雕刻非常精美，图文浑朴稳重，刀法纯熟，说明刊刻此书时雕刻技术已达到高度熟练的程度。书上墨色浓厚均匀，刻纹清晰，这也说明了印刷术的高度发达，而且印刷术发明已久，至少应经历 200 年的发展历程。

《金刚经》是卷轴装的佛教圣典（图 1-17），木质轴上的灰色纸张上刻印着汉字。这是保存到现在载有明确日期的最早雕版印刷品，是已知的世界上现存最古老的一本印刷书籍，现存于大英图书馆内。雕版印刷术发明后，满足了社会对文字和图画的复制要求，并得到不断的完善和发展。我国古代雕版印刷作坊及用于印纸币的雕版如图 1-18、图 1-19 所示。

图 1-17　唐代王玠木刻金刚经首页

图 1-18　我国古代雕版印刷作坊

图 1-19　古代用于印纸币的雕版

雕版印刷术是我国的伟大发明，后传至西方。雕版印刷术在我国历代沿用，至今仍有保留，如艺术品复制中的木刻版画。西方雕刻木版印刷品如图 1-20 所示。

印刷术发明后，一些书籍与图画都用单色印刷，一般常用黑色，有时用红色或蓝色。随着文化的发展，对印刷品的要求越来越高，便创造了在一张纸上印几种颜色的图书，开始出现彩色印刷。即"套版"和"饾版"的彩色印刷，它们是雕版印刷术的另一重大发展，更为现代彩色印刷术奠定了必要的基础。

在一块版上用不同颜色印刷文字或图像，称为多色套印。这种套印古代有两种，一种是每色分别刻版，再逐色套印，另一种是在一版上刷不同颜色一次印刷。

套印发明于14世纪，因为在1941年发现了一部1341年（元顺帝至正元年）中兴路（今湖北江陵）资福寺朱墨两色套印的《金刚般若波罗密经注解》。到了明代，有双色乃至四色套印的书籍。而能印出渐变层次的称彩色印刷，这种印

图 1-20　西方雕刻木版印刷

刷技术约始于明代中期，其原理是将原稿中的色彩不同深浅，分别刻成印版，然后再逐色套印，最后完成近似于原作的彩色印刷品。

饾版，"木刻水印"的旧称，是明万历年间安徽民间流行的一种在套版基础上发展为多色迭印的美术印刷方法。制作饾版时，先将彩色画稿按不同颜色分别钩摹下来，每色刻成一块小木版，然后逐色由浅入深依次套印，最后形成完整的彩色画面。印一幅画，多的能用上千块版，少的也要十几块。因为一块块镌雕的小木板形似饾饤，故称饾版。饾版的出现，使中国版刻和印刷能随心所欲地调节浓淡色调，达到了与画家手绘同等的效果。可以说这是中国雕版木刻印刷术的又一场革命，对国内外产生了巨大的影响。

木刻水印技术目前仍应用于木刻版画的艺术品复制工艺中，木刻版画作品见图1-21。

图 1-21　华宝斋木刻水印本

（2）活字印刷术　雕版印刷术的发明和推广，较之以前的手写传抄大量节省了人力和时间，对书籍的生产和知识的传播是一次巨大的革命。但是，雕版印书必须一页一版，有了错字难以更正、生产周期长、材料浪费、书版储存不便、重复出现的字也要一一刻出等

不完美之处。而在雕版的基础上发明的活字排版印刷术则可以解决这些矛盾，进一步提高印书效率。

宋朝仁宗庆历年间（公元 1041～1048 年），由布衣出身的湖北英山人毕昇创造性地发

图 1-22　发明胶泥活字的毕昇像

明了用泥做材料，制成单字，排版印书的技术——泥活字印刷术。这是我国继雕版印刷之后又一伟大发明，是世界上最早的活字印刷术，它既继承了雕版印刷的某些传统，又开创了新的印刷技术。

毕昇（图 1-22）的活字版印刷术比雕版印刷有很大的进步，推动了我国印刷技术的发展，但缺点是泥活字不易保存。

公元 1297—1298 年（元成宗元贞二年），农学家王祯请工匠刻制活字共 3 万多个，两年中设计完成了一套木活字（图 1-23），用其试印大德《旌德县志》，全书 6 万余字，不到一个月时间，印成 600 部，这是现在所知的第一部木活字印本。元代王祯发明的转轮排字架如图 1-24 所示。

图 1-23　中国最古的木活字

图 1-24　元代王祯发明的转轮排字架

王祯不仅发明了木活字，而且还发明了转轮排字架。活字依字韵排列在字架上，排版时转动轮盘，工人排字时以字就人，减轻了排字的劳动。见图 1-24。尤其重要的是，王祯把制造木活字的方法，以及拣字、排字、印刷的全过程，都系统详细地记载了下来，写成《造活字印书法》一书，这是世界上最早讲述活字印刷术的专门文献。

我国浙江瑞安平阳坑镇东源村，至今还保留着中国现存唯一的木活字印刷技艺"东源活字印刷术"，该技术至今已有 800 多年的历史，堪称世界印刷术的活化石，"木活字文化村"——东源村，也由此成为国家 AAAA 级旅游景区寨寮溪的重要景区之一。

图 1-25、图 1-26 画面分别为东源村活字印刷术传人在制作木活字和拣字排版。

（3）印刷机械化　对中国古代活字版印刷术，有突出改进和重大发展的是德国人谷登堡（图 1-27），他创造的铅合金活字版印刷术，被世界各国广泛应用。谷登堡印的第一本书如图 1-28。

图 1-25　制作木活字

图 1-26　拣字排版

图 1-27　铅字活版印刷术发明者谷登堡

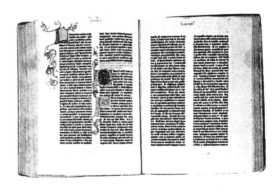

图 1-28　谷登堡印的第一本书

谷登堡创建活字版印刷术在公元 1440—1448 年，虽然比毕昇发明活字版印刷术晚了400 年之久，但是，谷登堡在活字材料的改进、脂肪性油墨的应用，以及印刷机的制造方面，都取得了巨大的成功，从而奠定了现代印刷术的基础。谷登堡用作活字的材料是铅、

锡、锑合金，易于成型，制成的活字印刷性能好，像这样的配比成分，甚至到 500 年后的今天，也没有太大的改变。在铸字的工艺上，谷登堡使用了铸字的字盒和字模，使活字的规格容易控制，也便于大量的生产。谷登堡还首创了脂肪性油墨，大大地提高了印刷质量，脂肪性油墨也一直沿用至今。谷登堡发明的印书机，虽然结构简单，但改进了印刷的操作，是后世印刷机的张本。以上这些都是毕昇发明活字版印刷术所没有的，也是毕昇活字版印刷术没能广泛流传的技术原因。谷登堡的创造，使印刷术跃进了一大步。谷登堡首创的活字印刷

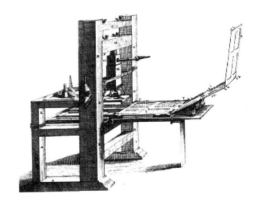

图 1-29　谷登堡在 1445 年制成
的木质凸版印刷机

术，先从德国传到意大利，再传到法国，到 1477 年传至英国时，已经传遍欧洲了。一个世纪以后传到亚洲各国，1589 年传到日本，翌年，传到中国。谷登堡的铸字、排字、印刷方法，以及他首创的螺旋式手板印刷机，在世界各国沿用了 400 余年。这一时期，印刷

工业的规模都不大，印刷厂多为手工业性质。谷登堡在 1445 年制成的木质凸版印刷机如图 1-29 所示。早期的凸版印刷机如图 1-30、图 1-31 所示。

图 1-30　1811 年发明的钢质自动滚筒凸印机　　　　图 1-31　1914 年海德堡制造的平压平凸印机

公元 1850 年发明的照相凸版术，解决了凸版图形图像印刷复制问题，1951 年西德赫尔公司完成了平面扫描型电子雕刻机的设计和制作，从而提高了凸版印刷制作的质量和速度。

目前应用的凸版印版主要有：铜版、锌版、感光性树脂凸版、柔性版等，其中柔性版发展迅速，最具有发展前途，在凸版中占主导地位。凸版印刷主要用在标签印刷、包装印刷及印后加工（如印制连续号码、烫金、压痕、压凸）中。凸版版面特征如图 1-32 所示。

图 1-32　凸版示意图

1.1.3　凹版印刷术

凹版印刷印版其印刷部分低于空白部分，所有的空白部分在一个平面上，而印刷部分的凹陷程度则随图像的深浅不同而变化。图像色调深，印版上的对应部位下凹深，图像色调浅，印版上的对应部位下凹浅。印刷时，印版滚筒的整个印版都涂满油墨，尔后用刮墨装置刮去凸起的空白部分上的油墨，再放纸加压，使印刷部分上的油墨转移至纸上，从而获得印刷品。凹版示意图如图 1-33。

图 1-33　凹版示意图

　　公元 1460 年，意大利人菲尼格拉发明了手工雕刻金属凹版印刷法。菲尼格拉是一名金饰雕刻技师，经常为顾客凹刻金属版，然后在凹版处涂以色泽，用作装饰品。一日，因连日加班夜刻，蜡烛灯油误滴在所刻的金属版上。次日见版上有蜡膜，就小心揭起来，发现凹纹处所涂的色料竟也转移到蜡膜上，成凸起的花纹，鲜艳异常。菲尼格拉有所领悟，他用刻刀在铜版上将图文部分刻掉，然后在上面涂彩色油墨，随后擦去平面无凹纹部分的油墨，用纸覆盖在版面上，施以重压，揭下纸后竟得到精美的印刷品，于是就发明了雕刻凹版印刷。手工雕刻凹版如图 1-34 所示。

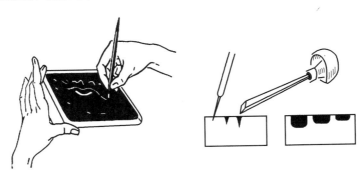

图 1-34　手工雕刻凹版示意图

　　1513 年，德国人格雷福发明了腐蚀凹版法，1826 年，法国人尼布斯发明了照相凹版法。1891 年，英国蓝勃兰德发明了碳素纸照相转移凹版制版法。1895 年，英国人凯林齐发明轮转凹印机。1962 年，德国海尔公司发明了机械电磁式电子雕刻机，大大提高了印刷质量和速度。

　　凹版印刷所用的印版有铜版、钢版等。凹版印制的成品墨色厚实，色彩鲜艳，防伪能力强，常用于铜版画艺术复制、印刷有价证券、精美画册、食品包装袋等领域。

　　铜版画（图 1-35）是指在金属版上用腐蚀液腐蚀或直接用针或刀刻制而成的一种版画，属于凹版。铜版画绘制工艺复杂，其过程为：用金属刻刀雕刻或酸性液体腐蚀等手段把铜版版面刻成所需图样，再把油墨或颜料擦压在凹陷部分，用擦布或纸把凸面部分的油墨擦干净，把用水浸过的画纸覆于版上，用铜版机机器压印，将凹处墨色吸沾于纸面上形成版画。铜版画艺术典雅庄重，在国际上一直被认为是一种名贵的艺术画种。早期铜版画印刷机如图 1-36 所示。

图 1-35　雕刻凹版作品铜版画

图 1-36　早期铜版画印刷机

1.1.4　平版印刷术

平版印刷术，是用图文与空白部分处于同一平面的印版（平版）进行印刷的工艺技术，主要包括石版印刷、珂罗版印刷和橡皮版印刷三种印刷方式。其中石版印刷和珂罗版印刷，是印刷版面与承印物直接接触，而橡皮版印刷，则是先将印版上的图文转印至橡皮布上形成橡皮版，再由橡皮版与承印物接触，从而将印版上图文间接转印到承印物上的间接印刷。平版版面特征如图 1-37 所示。

图 1-37　平版示意图

（1）石版印刷　1796 年塞纳菲尔德发明的石版印刷（图 1-38），是在具有多孔性、善吸水，且能较长时间保留水分的石版上，将图文用脂肪性油墨描绘在石版上成印刷部分。然后用稀硝酸液和树胶液处理版面，使空白部分亲水性增强。印刷时先用水胶润湿版面，再上油墨印刷。由于油水相斥，印纹部分吸墨，空白部分吸水。将纸张覆盖在石版上，压印后即可将图文转印到纸张上。石版印刷术目前仍应用于石版画艺术复制工艺中。18 世纪末发明的石印机如图 1-39 所示。

不同时期的石版画作坊、石版画作品如图 1-40 至图 1-42 所示。

（2）珂罗版印刷　珂罗版印刷是 1864 年德国人阿尔贝特发明的平版印刷技法，因为版面由明胶铬盐构成，所以由希腊语 Collo（珂罗）而得名。

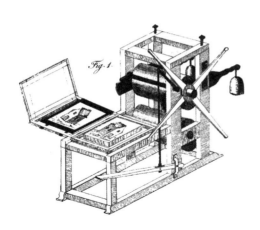

图 1-38 塞纳菲尔德发明的石版印刷机

图 1-39 18世纪末发明的石印机

图 1-40 石版画制作

图 1-41 石版印刷作品石版画

图 1-42 莫斯科国立印刷大学石版画画室

　　珂罗版印刷是以玻璃板为版基，在玻璃板上涂布重铬酸盐和明胶混合而成的感光胶制成感光版，经与照相底片（连续调阴片）密合曝光（晒版）制成印版，印版上明胶，因原稿密度深浅不同而产生不同程度的硬化，印刷时硬化胶膜吸收油墨形成图文部分，未硬化部分通过润湿排斥油墨成为空白部分。

　　珂罗版印刷品的特点在于其浓淡层次不是靠网点或着墨孔的深浅，而是按版面胶膜曝光硬化程度不同，及膨胀性能不同来表现的。印刷时利用胶膜不同的膨胀程度而吸收不等的水量，达到对印墨不同程度的黏附与排斥，从而再现连续调层次。这种古老方法具有优良的阶调再现性，可以达到以假乱真的地步。因为耐印力低，主要用于复制国画、水彩画、水粉画、铅笔画、字帖等的限量复制，作为仿真迹复制工艺，该工艺一直沿用至今。

　　（3）金属平版和间接平版印刷　石版印刷和珂罗版印刷，石版笨重、玻璃易碎，都不便制版和大量使用，尤其是难以适应社会文化快速发展需求。

　　塞纳菲尔德发明了石版印刷术后，于1817年，他曾研究将铝板和锌板来代替石板，将此两种版材的表面经加工研磨成微粒磨砂状，使其亲水性和石板相似，但因当时铝材价格昂贵而未被普遍采用，在相当长时间内一直用薄锌板代替石板作印版。此时平印一直采用纸张与印版直接接触加压印刷的方式。由于平印印刷前印版必须先亲水，再刷油墨，所以印刷时纸张易受潮，造成印刷品变形。

图1-43　1904年左右发明的第一台胶印机

　　1904年，美国人鲁贝尔发明了第一台间接印刷的平版胶印印刷机（图1-43）。这种印刷机是在传统的印版滚筒和压印滚筒之间安装一个橡皮滚筒，印版上的图文经过橡皮布转印到纸面上，印版与纸张不直接接触，成为一种间接印刷的方法，也称之为胶印。这使传统的平版印版必须将图文反向制版的方法得以完全的解决，且无论印刷耐印率、印刷速度、还是印刷质量，都有明显提高。直至今日，以铝板为材质的平版胶印被广泛应用于报纸、书刊、画报、宣传画、商标、挂历、地图等纸张印刷中，它占据着印刷工业的主导地位。

1.1.5　孔版印刷术

　　孔版印刷术早在活字印刷术之前就已经发明，在隋代就有采用镂空版印染宫廷里的衣裙、服饰，这是最早的孔版印刷，其发明的年代已无法考证。早期的孔版是采用挖、剪等制版方法，其后陆续出现誊写版、钢版等孔版形式。

　　1886年，发明家爱迪生发明誊写版印刷，后经日本人堀井新治郎改用铁笔将蜡纸放在金属版上刻写的誊写版。

　　1905年，英国人西蒙由日本的友禅型纸得到启示，发明了绢版印刷术。

　　1924年，日本万石和喜政完成了今日所用的直接感光制版的照相网版法，它使精密图像的丝网印刷成为可能。

　　孔版印刷的印版上，印刷部分是由大小不同的或是由大小相同但单位面积内数量不等的网眼组成。印刷时油墨涂刷在印版上，承印物放在印版下，通过在版面上刮墨透过孔洞，转移到承印物上形成印刷品。

　　手工网版印染作坊、孔版及孔版印刷如图1-44、图1-45所示。

　　孔版印刷常用于印刷办公文件、招贴画、商品包装、印刷电路板和纺织品衣饰图案等，以及在不规则的曲面上印刷，也用于少量地图印刷及丝网版画的制作。

图 1-44　手工网版印染

　　作为艺术品的丝网版画产生于20世纪30年代，欧美国家在1940年有了丝网版画协会，丝网版画很快成为美术中的一个门类，博物馆也增加了对丝网版画的收藏、并提倡艺术性丝网版画创作。

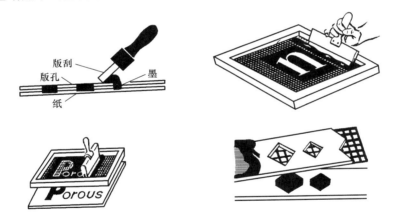

图 1-45　孔版及孔版印刷示意图

　　丝网版画也称孔版画，它犹如工业上的花布印刷方法，将颜色进行刮压从网孔漏至承接物上，所以也称做丝漏版画。

1.1.6　数字印刷

　　数字印刷是利用印前系统将图文信息直接通过网络传输到数字印刷机上印刷的一种新型印刷技术。

　　如前所述的凸、平、凹、孔四大印刷版式，在完成印刷过程中，均需经过制作印版、印刷加压才能将印版上的图文部分油墨传递到承印物上。而现代各式彩色数字印刷机，都无需经过印版即可直接将电脑存储介质上的图文档案直接印成成品，故此类印刷方式也称为"无版印刷"。无版印刷原理如图1-46所示。

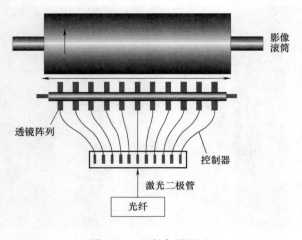

影像滚筒

透镜阵列

控制器

激光二极管

光纤

图 1-46　无版印刷图示

数字印刷的历史渊源，可以追溯到 100 年前的静电照相术和非接触式喷墨打印技术的发明。但世界上第一台真正意义上的数字印刷机，是在 1993 年 IPEX 展会上，由 Indigo 推出的。Indigo 公司于 1977 年创立，总部设在荷兰，研发和制造机构设在以色列。该公司于 2002 年 3 月 14 日被美国惠普公司收购，成为了 HP Indigo 数字印刷机公司。

目前，数字印刷作为与常规四大印刷方式迥异的新型印刷形态已被行业所接受，而且大有独占鳌头之趋势，对常规印刷方式形成了强烈的冲击。数字印刷预示着印刷科技发展史上又一次重大变革的到来，它将改变千百年来人们对印刷的固有观念以及印刷的原有形态，是一场典型的新技术革命。可以认为，数字印刷是伴随着信息时代的到来，人们迎来的印刷科技发展史上的又一座新的里程碑。自进入到以计算机应用和数字化信息处理为标志的 IT 时代以来，传统的印刷方式在许多方面已经难以适应时代的发展以及人们对图文信息传播的需要，因此，信息技术的发展和信息社会的需求催生了数字印刷技术的快速发展，这既有历史的必然性，同时也表明了印刷对于人类生存、生活和发展的重要意义，以及它所具有的强大生命力。

目前，数字印刷已被广泛应用于个性化印刷、可变数据印刷、按需印刷等领域中，其微喷技术及打印介质的多样性，使我国高仿真复制书画艺术也步入了数字化时代，这为印刷业在文化领域内的发展又提供了优厚的条件和发展空间。

1.2　印刷定义及流程

1.2.1　定义

就一般而言，印刷就是以直接或间接方法，将图像或文字制成印版，在印版上涂布印墨，经加压将印墨转移至纸张或其他承印物上，是一种快速大量复制的工业工程。

长期以来，印刷必须要有印版，印版上的油墨（或色料）只有在压力的作用下，才能够转移到承印物上。因此，人们认为印刷技术的发展就是印版和压力的演变。但是，近几十年间，由于电子、激光、计算机等技术向印刷领域的不断扩展以及高科技成果在印刷中的应用，不需要印版和压力的数字化印刷方法也已有广泛应用。例如：喷墨印刷、静电印刷等，使印刷的定义有了新的概念。

我国国家标准《GB/T 9851.1—2008 印刷技术术语》中，对印刷是这样定义的：印刷（printing）是使用模拟或数字的图像载体将呈色剂/色料（如油墨）转移到承印物上的复制过程。

印刷作为一种对图文信息的复制技术，最大特点是能够把原稿上的图文信息大量、低成本地再现在各种各样的承印物上。在生活中，印刷产业有一部分是作为最终产品直接提供给消费者，也有一部分作为中间产品印制在产品或产品包装物上，提供给消费者，印刷和我们生活密不可分。

1.2.2　作用

（1）印刷是一种传播视觉信息、促进社会文明发展的重要手段　人类的文化传播史，是由口语传播、文字传播、印刷传播、电子传播一直演进到现在的多媒体传播。其中以印刷传播对人类文化传播影响最深最广。因为，印刷传播不受时空限制，阅读者完全可以自己决定其阅读速度、阅读方式、阅读种类。所以印刷品是传播科学文化知识的主要媒介，是教育事业中必不可少的物质基础，是人类文化、信息交流的有力工具，是促进社会文明发展的重要手段。现代的文化出版物如：报纸、杂志、书刊、教科书、儿童读物等不断朝彩色化、图像化、精致化、立体化方向发展，印刷事业对人类精神文明的进步，具有关键性的作用。

（2）印刷是装潢商品、宣传商品、推销商品的一种手段　在日常生活中，我们每天都要接触到大量的商品，而每件商品都要经过包装才能进入流通领域，包装成了商品不可分割的一部分。同时，包装能提高产品的自身价值，增加销量，并且可起到传达商品信息的作用。包装的水平，体现了一个国家的文明程度和经济实力。

（3）印刷是我们衣、食、住、行不可缺少的一部分　人类生活的衣、食、住、行与印刷密不可分，如各式各样精致美丽的花布和流行 T 恤的印刷；食品、药品等的外包装印刷；窗花、墙纸、瓷砖等建材印刷；各式交通工具的外壳图案印刷；精密仪表板、电路板、交通标志等的印刷；地图以及钞票、有价证券、邮票等无一不是印刷的产品。

（4）印刷是一种艺术的再创造　在印刷复制各种绘画、摄影等艺术作品时，需要复制者有一定的美学修养，并具有对作品的艺术鉴赏力和表现力。另外在印刷全过程中，往往会涉及字体设计、图案设计和装订的样式设计等，这些都和艺术相联系。就此而言印刷过程是一种科学和艺术相结合的再创造过程，一幅高质量的印刷品本身也是一件艺术品。

1.2.3　工艺流程

传统印刷，其工艺流程一般都须经过版面设计、图文信息输入、印前图文信息处理、制作印版、印刷、印后加工等步骤。现将传统印刷的复制过程归纳如图 1-47 所示。

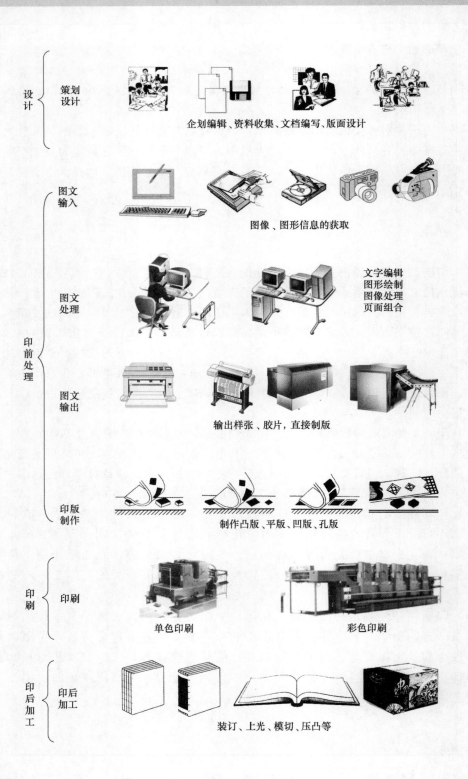

图 1-47　现代印刷工艺流程图示

1.3　现代印刷行业特征与发展趋势

1.3.1　行业特征

（1）印刷业是特种行业　特种行业，是指工商服务行业中所经营的业务内容和性质特殊，容易被违法犯罪分子利用进行违法犯罪活动，易发生治安灾害事故，依据国家和地方的行政法规，由公安机关实施治安管理的特定行业的总称，简称"特行"或"特业"，其具体的行业范围依国家和历史时期的不同而不同。新中国成立以来，我国对印刷业（专门从事包装装潢印刷品印刷经营活动的除外）一直实行特种行业管理，企业经营前必须向新闻出版（文化）部门及企业所在地县级公安（分）局申请，经安全审查合格后发放《特种行业许可证》，凭该证企业才能经营。

（2）印刷业具有制造业、服务业、信息业多重产业特征　现代经济学家把当今社会经济，划分为农业、制造业、服务业、信息业四大类，即四大产业。

服务业是指不生产物质产品的行业，属第三产业。印刷业作为加工制造业是通过接受订单服务于其他行业，其加工主要内容是图文复制，加工对象主要承载物是纸张、塑料薄膜及制品，主要加工材料有油墨及多种化学制品。正是这种特性，长期以来印刷业是依附于其他行业的发展而发展的，行业的依附性限制了印刷业自身发展的速度与规模，同时意味着印刷企业没有自己的产品，更不可能拥有品牌意义上的产品。

信息产业，特指计算机和通讯设备行业为主体的IT产业。根据美国北美行业分类系统的最新定义，信息产业特指将信息转变为商品的行业，它不但包括软件、数据库、各种无线通信服务和在线信息服务，还包括了传统的报纸、书刊、电影和音像产品的出版，而计算机和通信设备等的生产将不再包括在内，被划为制造业下的一个分支。

信息产业是属于第四产业范畴，它包括电讯、电话、印刷、出版、新闻、广播、电视等传统的信息部门和新兴的电子计算机、激光、光导纤维、通讯卫星等信息部门。主要以电子计算机为基础，从事信息的生产、传递、储存、加工和处理。

第四产业实际上是从原三大产业中分化出来的属于知识、技术和信息密集的产业部门的统称。它包括设计、生产电子计算机软件及其服务部门咨询部门，应用微电脑、光导纤维、激光、遗传工程的新技术部门，高度自动化、电气化部门等。

印刷是为信息传播而诞生的，自古以来，印刷品一直是人类信息交流的主要传播媒体。随着时代的前进，科学技术的发展，其他的信息传播形式也相继出现。多样化的媒体使人们对接收信息的方式有了多种选择。而全球印刷工业不断吸收先进数字技术和网络技术的精华，已经完成了信息可视化、内容数字化和表达彩色化的产业"数字化"转型，使印刷业成为信息产业的重要组成部分。

（3）现代印刷工业具有较高的产业关联度　现代印刷除涉及信息技术、机械、光电、化工、材料等工程领域外，又涉及美学、造型、结构、色彩等学科，与信息产业、文化产业、创意产业、包装产业、服务产业等融合度高，具有产业链长、产品种类多和关联产业广等特点。

（4）现代印刷业是都市型朝阳产业　都市工业指依托大都市独特的信息流、人才流、现代物流、资金流等社会资源，以产品设计、技术开发和加工制造为主，以都市型工业园区为基本载体，能够在市中心区域生存和发展、与城市功能和生态环境相协调的有就业、有税收、有环保、有形象的现代绿色工业，印刷与包装业符合都市工业特征。

印刷业历史绵长悠久，作为人类的一种恒久需求，出版物印刷不可能淡出人类的生活。虽然网络和电子出版物的无纸化趋势在大大增强，但更多地把它看成是可以并存的信息载体，不能完全是简单的取代关系。

凡是商品，大部分都需要包装，包装的目的是为了保护商品本身，使商品便于运输，方便消费者使用。包装优劣，也在一定程度上决定着商品的"档次"。所以说，只要有商品存在，就会有包装印刷的存在，就需要精美的包装装潢印刷。包装印刷在全球都是发展最快，效益最好的一个行业，而且哪个国家的经济越发达，它的包装工业和包装印刷业也就越发达，并且包装印刷业不会受到电子媒体、互联网的冲击。

1.3.2　发展趋势

已经过去的 20 世纪，世界印刷技术获得了迅猛的发展与进步。在传统印刷继续发展的同时，数字印刷也在日益壮大。特别是新媒体的出现，新媒体利用数字技术、网络技术，通过互联网、无线通信网、卫星等渠道，以及电脑、手机、数字电视机等终端，向客户即时传播信息，它开辟了以往难以想象的便捷而又高速的通途，时间与空间的间距在不断缩短。这使印刷技术、工艺、服务方式方法以及对象也随之发生了很大的变化。

（1）印刷对象的变化　衣可以避寒，车可以代步，而印刷品可以传递消息。在没有网络之前，声音形式的消息可由电话和广播来传递，活动影像形式的消息可通过电视来传递。由于广播和电视都不注重对文字的表现，因而文字形式的消息只能通过书信和印刷品来传递。这也是广播和电视没有对印刷（特别是报刊印刷）造成明显冲击的原因之一。而网络则不同，数字化的文字信息，不仅可以在网络上表现和传递，而且比印刷品表现文字信息更具有优势，动摇了印刷在文字信息表现和传播领域的地位。

目前，印刷业正面临诸多方面的挑战，今后若干年内，印刷业内部将会出现一定的分化，有些产品还会有相当市场，而有些印刷产品却已经开始走下坡路，市场已开始萎缩。

① 报刊杂志。报纸出版业已出现大幅度的缩水，因为报纸将受到网络媒体、电子报和广告两方面的挑战。网络媒体即时性、广容性、交互性、多样性、开放性等都是报纸难以企及的，而且广告商的投入总体也呈减少趋势。

综合性杂志和专业刊物的广告量将会有所降低，广告页码的减少必将造成期刊页码数的减少。再者报纸、杂志依托于不可再生资源森林采伐及已被国家列为七大"三高"（高消耗、高能耗、高污染）产业之一的造纸业，所以从资源保护和环境治理两个方面，"十二五"期间，国家都会严格控制纸及纸板的总产量。

② 图书。由于参考书和学术等书籍的出版正转向电子媒体，印刷图书的出版会受到严重影响。印刷图书主要的发展趋势将会是按需印刷，即单书出版。

③ 包装印刷与广告。包装印刷是印刷业主要的增长点，因为它没有像其他印刷品一样有电子方式，而且包装类印刷品因为地域和人口等因素，一次印数一般都较大。

法律规定上的变化将会影响到产品包装上所需信息的变化，同时市场营销和产品生产也会有所变化。虽说电子商务也将影响包装印刷业，但商品总得以一定形式运输。广告和促销手册、宣传单等印品的印刷将会大幅度增长。大多需要印刷业制作的印品都是以印刷版形式出现的，因为这是贸易领域必须的。银行、商店、汽车销售商及其他销售场所都有很多这类印刷品，大多数是作为促销用的。目前还没有大的电子手段来取代这些印刷品。

④ 内部交流及其形式。纸介质交流形式将会大幅度减少，它终将会为电子形式所取代。纸介质文件备份还会保留一段时间，但最终对电子形式沟通的信任度的增加将会降低对纸张的需求。内部备忘录和其他办公室内部及公司内部沟通文件将被电子邮件以及Word、Excel、PDF 等格式的电子邮件附件沟通方式所代替。

⑤ 其他。手写信件、贺卡已被电子邮件、电子贺卡所取代。数字化的照片、声频和视频信息交流将会取代目前我们所知晓的文本信息交流。人们将能够通过电子邮件、QQ、MSN、微博等方式传送信息，甚至可发送声频和视频信息进行沟通，信封的印数已大大减少。

包装纸、包装盒等产品网络技术对其影响相对比较少，因为你总得包礼物（除非用电子包装纸），另外虽说电子贺卡现在已经很普遍，但是它们缺少热情和审美感。另外，纸质版日历还会保存下来。毕竟看着墙上的日历来计算时间要容易得多。

（2）印刷技术的变化

在 21 世纪印刷技术发展的进程中，数字化技术、低碳环保将主宰印刷技术的一切领域。

① 数字化处理和网络化信息传递将得到迅速发展。随着数字成像技术、数字网络技术和数字传感技术在印刷工业的广泛应用，印刷工业正在面向“质量、效率、成本、增值”四大核心目标而展开新的征程，印刷数字化已经成为印刷工业技术变革、创新和可持续发展的潮流。

印刷数字化发展的主要模式集中在以下三个方面：

a. 基于数字成像技术的空间信息内容表达和功能表达。在内容表达方面，印刷数字化已经通过数字化印刷生产流程、各种数字印刷设备以及 ERP 系统，实现了全彩色、高精度和准实时的软硬拷贝内容表达。在功能表达方面，印刷数字化正在通过印刷过程的数字控制和多种数字成像，实现着电路印制、RFID 智能标签、薄膜太阳能电池以及各种显示屏幕功能组件的功能表达。

b. 传统印刷生产模式的数字化重构。传统印刷生产模式的数字化重构主要体现在：一是采用 CTP 技术围绕质量改善来提升企业生存能力；二是采用数字化生产流程围绕高质量的效率提升和成本降低来提升企业发展能力；三是采用数字资产管理的全媒体印刷生产平台来提升企业增值创新与可持续发展的能力，建立形成印刷买家依赖和满足印刷买家需求的新印刷模式。

c. 印刷工业的 IT 化。随着数字技术在印刷工业的广泛应用和普及，印刷工业逐步显现出 IT 化的特征。随着基于 Web 和 WiFi 技术的海量信息网络化传递技术的突破，使得印刷企业能够构建一个基于网络的虚拟在线生产模式，能够通过虚拟生产组织来实现印刷业务的网络获取、在线流程跟踪、多媒介输出服务以及直邮式产品送达服务，实现了服务地域的无限扩展和"增值链"与产业链的延伸。另外印刷工业将依托所构建网络化虚拟印刷生产模式，快速获取印刷业务，这些业务既包括现有的实物型印刷品，也包括非实物性数字印刷品，如数字图片、数字图书等，并通过自有或共建的印刷生产管理系统、数字内容管理系统、数字资产管理系统以及全媒体数字印刷平台来进行个性化定制内容的重新组织和分类，实现个性化产品与定制共性化生产模式的统一，实现印刷工业真正意义上的印刷数字化。

② 数码印刷将得到广泛应用。数码印刷是一项综合性很强的技术，涵盖了印刷、电子、电脑、网络、通讯等多种技术领域。数码印刷近几年如雨后春笋般茁壮成长，发展迅速，令业内人士刮目相看。它不仅对传统印刷产生了巨大的冲击，更给出版业、信息业、通讯业带来了新的革命，由此产生的深远的影响，已经远远超过了印刷的范畴。

③ 绿色印刷将成为印刷行业发展的主流。2011 年 10 月 8 日，国家新闻出版总署和环境保护部联合下发了《关于实施绿色印刷的公告》，即新闻出版总署 2011 年 第 2 号公告，公告明确了实施绿色印刷的范围和目标。

绿色印刷是指对生态环境影响小、污染少、节约资源和能源的印刷方式。实施绿色印刷的范围包括印刷的生产设备、原辅材料、生产过程以及出版物、包装装潢等印刷品，涉及印刷产品生产全过程。实施绿色印刷目标是通过在印刷行业实施绿色印刷战略，到"十二五"期末，基本建立绿色印刷环保体系，力争使绿色印刷企业数量占到我国印刷企业总数的 30％，印刷产品的环保指标达到国际先进水平，淘汰一批落后的印刷工艺、技术和产能，促进印刷行业实现节能减排，引导我国印刷产业加快转型和升级。

按照绿色印刷工作的推进时间表，国家新闻出版总署会在政府采购项目中率先实施绿色印刷，以保障青少年使用健康无公害图书。而伴随着绿色印刷的推进，认证范围也将从中小学教材、政府采购的印刷品领域拓展到食品、药品等包装印刷领域，最后实现绿色印刷的全覆盖。

（3）生产模式的变化

① 生产模式将更加体现服务业的特征。我们今天的印刷生产模式，是以集中、大规模生产为特征的生产模式。这种生产模式的优点突出表现在对单一印件的大量印刷上。网络时代人们追求的是个性化的理念，按需印刷就是印刷行业迎合这种理念的体现。

印刷行业历来具有制造业和服务业的两重性。大规模印刷厂体现了印刷制造业的一面，而速印店则体现了印刷服务业的一面。按需印刷将推进印刷作为服务行业的发展。按需印刷所需要的技术和设备条件包括：印刷机、网络环境、按需印刷网站、按需印刷制作软件、按需印刷输出流程。

网络转变了信息传播与人们相互沟通的方式，原本靠印刷方式传播的信息现在有许多都采用非印刷方式传播，印刷产业结构也因此发生改变。印刷业是传媒业，在电子技术飞速发展的时代，印刷也迈向电子化，据统计每年约有 450 亿个 PDF 文档在网上流动，网络的畅通不但使人们对印刷的需求减少，也使数据在网上"旅行"。这就要求印刷企业不仅提供印刷服务，还要提供数字服务，对客户的信息进行管理，提供从创意设计到印刷品分发的整体服务。

目前，我国印刷业已成为国民经济服务的不可替代的综合性配套产业，步入"信息技术、创意设计、加工服务"三位一体的新业态。在新闻出版总署编制的印刷业"十二五"规划中，启动了新闻出版产业重大项目库、建立管理信息系统，将着力调整结构，发展绿色环保印刷，从传统被动型产业转变为主动服务型产业。

② 生产流程将融入"云计算"时代。云计算是一种通过 Internet 以服务的方式提供动态可伸缩的虚拟化的资源的计算模式。这是一种商业计算模型，它将计算任务分布在大量计算机构成的资源池上，使各种应用系统能够根据需要获取计算力、存储空间和信息服务。

目前的生产流程主要是对印前和印刷的自动化控制，未来的自动化流程将从云销售开始。从估价、订单处理、成本估算，到生产控制、生产调度，再到物流配送，涵盖印刷生产与印刷管理全业务流程。

云技术的发展同时也将拓宽印刷信息传播的方式和范围，虽然现在大部分出版物是印刷的，但与此同时，多终端、多形态的电子出版物也会越来越多。一次制作、多元发布将成为重要的印刷数字化技术。印刷信息数据通过结构化加工技术，被碎片化成元数据，存储到云中的数据仓库。信息应用者根据设计好的模板样式，与数据仓库中的数据结合，自动生成版式和流式兼备的版面，最后形成印刷出版物、数字出版物及其他信息形态。

尽管目前云技术在印刷领域的应用还处于初级阶段，观念、软硬件水平和相关技术等并不完善，但云技术的产生加速了印刷业的发展，促使印刷业与云技术相结合，推动印刷业向数字化、信息化方向发展，而这种发展也终将孕育成一场产业革命。

1.4　印刷要素与分类

1.4.1　印刷要素

印刷要素是指在完成一件印刷品的复制中，需要的最基本要素。对于传统印刷而言，印刷有五大要素，它们分别为原稿、印版、油墨、承印物、印刷机械。对于数字印刷，有原稿、油墨、承印材料、印刷设备四大要素。传统印刷五大要素如图 1-48 所示。

(1) 原稿　我国《GB/T 9851.1—2008 印刷技术标准术语》中 4.6 对原稿的定义是：原稿（Original）是完成复制所依据的原始图文信息。

原稿是印刷复制的对象，印刷必须以原稿为基础，因而不同的原稿质量和类型，不仅直接影响到印刷品质量的高低，而且影响着印刷工艺的选择。原稿具体分类如下：

① 按记录形式或存在形式可分为：模拟原稿、数字原稿、实物原稿。

a. 模拟原稿：是指原稿内容记录在实体介质上的原

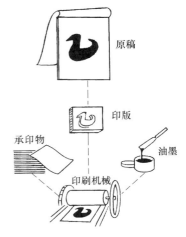

图 1-48　传统印刷五大要素

稿，如传统照片、各种材质的画稿、印刷品（又称二次原稿）等。这类原稿印刷复制时必须借助专业扫描仪扫描或专业数码相机拍摄，转换为数字信息后才能进行后期处理。

b. 数字原稿：数字原稿是指图像信息以数字信息方式存储在光、电、磁性等介质上的原稿。数字原稿的获取目前主要通过数码相机拍摄，或直接从光盘图库或网络图库中下载获取。此类原稿已是数字信息，不再需要模数转换。

c. 实物原稿：是指原稿以实物形态存在，特指位于三维空间的、有立体感的原稿，如雕塑、瓷器、饰品、木纹及各类物品等，此类原稿一般采用专业数码相机拍摄，或通过三维扫描仪多点扫描，从而将原始信息转换成数字信号。

② 按色彩类型分为：单色原稿和彩色原稿，单色稿一般指黑白原稿，又可分为黑白稿和灰度稿。

a. 黑白原稿：是指只有黑（或其他颜色）、白两种颜色的原稿，这类原稿其色彩、色调深浅变化有明显的界限，如文字稿（手写稿、打印稿、印刷稿、档案稿等），线画稿（图表、连环画、漫画、工笔画、木刻版画、美术字等）。

b. 灰度原稿：是指黑色与白色之间有不同深浅变化的黑白原稿，如黑白照片、水墨画、黑白印刷品等。

c. 彩色原稿：是指由无数色彩所构成的原稿，如彩色照片、各种彩色画稿、彩色印刷品等。

③ 按原稿内容状态分为：线条原稿、连续调原稿和半色调原稿。

a. 线条原稿：是指由黑白或彩色线条组成图文的原稿。按内容又可分为文字原稿、图形原稿或文字图形混合原稿。

b. 连续调原稿：国家标准 GB/T 9851.1—2008 中，对连续调是这样描述的：连续调是指在明度和阶调上有无限层次等级、未加网的图像。

相对应的连续调原稿即指是在明度和阶调上有无限层次等级、未加网的图像原稿，如黑白、彩色照片，水彩画、油画、国画等。

c. 网目调原稿：国家标准 GB/T 9851.1—2008 中，对网目调是这样描述的：网目调（Halftone）是指用网点构成的图像阶调。

网目调原稿从明到暗的变化是不连续的，最常见的网目调原稿是印刷品原稿，虽然表面上看似连续变化的，但在放大镜下可以看到，其图像阶调是由网点来表现的。印刷品原稿通常又称为二次原稿。

④ 按原稿介质是否透明分为：反射原稿和透射原稿。

a. 反射原稿：是以不透明材料为记录载体的原稿，如黑白或彩色照片、画稿、打印稿、印刷品等。

b. 透射原稿：是以透明材料为记录载体的原稿，如底片、黑白胶片或彩色反转片等。由于这类原稿需要使用传统的相机、胶卷、冲洗工艺来获得，目前已非常少见。

还有其他的分类方法，如按技术手段分，原稿又可为摄影原稿、绘画原稿、复制原稿等。不同原稿如图 1-49 所示。

（2）印版　我国《GB/T 9851.1—2008 印刷技术标准术语》中 4.8 对印版的定义是：印版（Printing Plate）是用于传递呈色剂/色料（如油墨）至承印物上的备印图文载体。

印版版面由两部分组成：印版上吸附油墨的部分为印刷部分，也称图文部分；不吸附

图 1-49　原稿图示

（a）线条稿　（b）画稿　（c）摄影连续稿　（d）半色调稿

油墨的部分为空白部分，也称非图文部分。

　　印版依技术先进性可分为传统印版、数码印版；依材质可分为金属版、感光树脂版、橡胶版等；依印版结构可分为凸版、平版、凹版和孔版。不同材质印版如图 1-50 所示。

图 1-50　印版

（a）感光树脂版　（b）金属版

　　（3）油墨　我国《GB/T 9851.1—2008 印刷技术标准术语》对印刷油墨的定义是：印刷油墨（Printing Ink）是用于印刷过程中在承印物上呈色的物质。

　　① 油墨成分。印刷油墨主要由色料、连结料、填充料和辅助剂等按照一定的比例相混合，经过反复研磨、轧制等工艺过程后，形成的复杂胶体。

　　a. 色料是一种能反射特定波长光线的固体粉末状物质，它是使油墨具有色彩的主要成分。色料分成颜料和染料，颜料不溶于水、油、有机溶剂，仅使物体的表面染色，印刷油墨中使用的有色材料通常都是颜料。染料可溶于水、油、有机溶剂，它能使物体全部染色，主要应用于纺织物的染色和印花，在油漆、塑料、皮革、光电通讯、食品等许多行业也有广泛应用。

　　b. 连结料。连结料对油墨的印刷适性，如流动性、黏度、干燥性等起主要作用。油墨连结料的主要原料为合成树脂（醇酸树脂、酚醛树脂、聚酰胺树脂等）、干性植物油（亚麻仁油、桐油、梓油等）和矿物油（烃类）。

　　c. 填充料。填充料是白色、透明、半透明或不透明的粉状物质，是油墨中的固体组成部分。它的使用是为了降低一些颜色的饱和度，减少颜色的用量，降低油墨的成本。同时，还可以调节油墨的性质，如流动性、黏度等。常用的填充料有：氢氧化铝、硫酸钡、碳酸镁、碳酸钙、铝钡白等。

d. 辅加剂。辅加剂的种类很多，加入辅加剂主要是为了改善油墨的印刷适性。常用的辅加剂有干燥剂、调墨油、冲淡剂、撤黏剂、提色剂等。

② 油墨种类。油墨依印刷方式可分为平版油墨、凸版油墨、凹版油墨、孔版油墨、数字印刷油墨等；依承印材料可分为纸张油墨、塑料油墨、金属油墨、布料油墨、玻璃油墨等；依连结料组成可分为 UV 油墨、EB 油墨、水性油墨、醇溶型油墨、油脂型油墨、溶剂型油墨等；依用途可分为防伪油墨、磁性油墨、导电油墨、荧光油墨、香味油墨、感温油墨、刮刮油墨、浮凸油墨、纳米油墨等；依油墨呈色法可分为原色油墨、专色油墨。

③ 油墨性能。油墨性能，如颜色、黏度、着色力、遮盖力、干燥性、颗粒度等，对印刷质量起着至关重要的作用。适当地改变油墨性能，则可满足各种印刷的需求。同时应根据印刷工艺、承印材料、印刷机械及印版等性能，正确选择油墨，才能提高印刷质量，达到理想的印刷效果。油墨调配及油墨性能测试如图 1-51、图 1-52 所示。

图 1-51 手工调配油墨

图 1-52 油墨性能测试

"环保油墨、绿色印刷"已成为 21 世纪油墨印刷业发展的主题，由于近年来许多国家、地区在包装印刷中增加了卫生环保等方面的要求和制约条件，尤其是对药品、食品、儿童用品等方面，明令严禁使用有毒有害成分的印刷材料，所以环保型油墨，将是未来油墨研究、开发和使用的主要方向。

环保油墨主要有大豆油胶印油墨、水性油墨、醇溶型油墨、UV/EB 油墨等。

除环保油墨外，纳米油墨也已开始应用在油墨制造领域。纳米技术是正在快速发展的高新技术，在印刷行业中，纳米技术的应用，主要表现在印刷油墨、印刷设备器件、印刷包装材料等领域。

纳米油墨同普通油墨的组成基本相同，两者最大的区别就在于颜料颗粒的大小。普通油墨的颜料粒径为微米级，而纳米油墨的颜料粒径是纳米级，两者大小相差约 1000 倍，这样制成的油墨颗粒度得到了极大的改善。油墨颗粒度变小，油墨的浓度将大大提高，着色力也就越强，从而使产品印刷质量得以提高。

纳米油墨在印刷行业的应用不只是为了提高印刷产品质量，更多的是侧重于特种功能方面的应用，如防伪纳米油墨、荧光纳米油墨、导电纳米油墨等。

防伪纳米油墨是在油墨连接料中加入特殊性能的纳米防伪材料，或用加密手段通过特殊工艺加工而成的特种印刷油墨。如磁性防伪油墨，油墨中加有纳米磁性物质，磁性防伪油墨印刷的图文用专用检测器可检测出磁信号，用其印制的密码等信息可用解码器读出。

纳米粉微粒自身具有发光基团，它们在接受很短时间的光照后就能够持续发光，添加了这种微粒的油墨，它的发光时间和发光强度均为普通传统荧光油墨的 30 倍以上，且材料本身无毒无害无污染。如用于户外大型广告喷绘或夜间阅读的图文印刷品，无需外来光源的照射，靠自身发光就能被人眼识别，不但可节省能源，且大大方便了使用者。

以纳米银为代表的金属纳米导电油墨（墨水），由于油墨中的金属粒子具有纳米的尺度和较低熔点等特性，使该墨更细腻，更均稳，导电性能更好，特别适宜于高性能、超精细电子部件的喷墨印刷和网版印刷。金属纳米导电油墨的应用如图 1-53、图 1-54 所示。

图 1-53　薄膜上印制的电路图

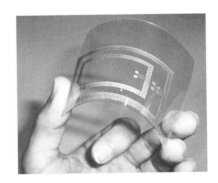

图 1-54　柔性聚合物基板印制的电路图

（4）承印物　我国《GB/T 9851.1—2008 印刷技术标准术语》中 3.3 对承印物的定义是：承印物（Substrate）是接受呈色剂/色料（如油墨）影像的最终载体。

承印物是能够接受油墨或其他吸附色料并呈现图文信息的各种物质的总称。随着印刷技术的日益成熟，承印材料也越来越广泛，有纸张、塑料、木材、金属、玻璃、皮革等，但目前使用最多的还是纸张和塑料。

① 纸张

a. 纸张成分。印刷用纸主要由纤维、填料、胶料、色料四种主要原料经混合制浆、抄造而成。

纤维是纸张的基本成分，以植物纤维为主。常用的植物纤维有棉、麻、木材、芦苇、稻草、麦草等。

填料可以填充纤维间的空隙，使纸张平滑，同时提高纸张的不透明度和白度。常用的填料有：滑石粉、硫酸钡、碳酸钙、钛白等。

胶料的作用，是使纸张获得抗拒流体渗透及流体在纸面扩散的能力。常用的胶料有松香、聚乙烯醇、淀粉等。

色料的加入，能够校正或改变纸张的颜色。如：加入群青、品蓝可以获得更加洁白的纸张。

b. 纸张分类。印刷用纸依用途可分为的种类很多，约有上千种，但我们经常接触的只有百余种，涉及印刷、装订的也只有十几种，主要有凸版纸、新闻纸、胶版纸、铜版纸等多种。

凸版纸：用于一般书籍、杂志、课本和部分手册、资料等。

新闻纸：用于报纸、期刊、部分书籍和手册等。

胶版纸：用于高档书籍、杂志、一般彩图、画册、封面等。

铜版纸（涂料纸）：画册、高级本册封面、挂历、各种装饰书盒、高级包装盒等。

瓦楞纸：包装箱、垫箱板、易碎损物品包装盒或箱等。

在提倡绿色印刷的今天，纸张作为印刷的主要原材料之一，也在不断开发新的造纸工艺，生产具有环保概念的新型纸张，这类环保纸张主要有再生纸、石头纸等。

再生纸：再生纸是以废纸为主要原料，将其打碎、去色、制浆，再经过多种工序加工生产出来的纸张。由于在再生纸中，废纸占原料的比例至少为30％，因而再生纸被誉为低能耗、轻污染的环保型纸张。再生纸采用无氯漂白方法生产，不会受到漂白剂等有害化学物质的影响。再生纸一般可分为两大类：一类是挂面板纸、卫生纸等低级纸张；另一类是书报杂志、复印纸、打印纸、明信片和练习本等用纸。再生纸在新闻出版用纸领域的应用也在大力推广之中，如上海市已于2011年推出首套全部用再生纸印刷的环保教材，并已正式在全市500多家中小学投入使用。

石头纸：是采用最新的环保技术，以方解石为主要原料代替纸浆，掺和无毒树脂和助剂，造出与传统木浆纸功能相似的新纸张。其制造过程不排放废水，不产生废气、废渣，还可回收降解，对自然环境无污染，对人、畜等无公害，是"绿色"造纸新工艺。但石头纸形成的废纸不能燃烧，在自然界中难以降解，易形成二次污染。

纳米纸：泛指用纳米材料制作或采用纳米技术对纸张的某种性能进行改善后的纸张。它除了具有可书写、可复印等应用性能外，还具有超疏水、自洁净、防潮、耐老化及高印刷表面强度等优异性能。另外以透明可弯曲的纳米纸和碳纳米管分别作为衬底材料和电极，可制成整体可弯曲、透明、并且环保可降解的纳米纸晶体管器件，能印刷出透明、可弯曲的电子阅读设备。纳米纸应用如图1-55、图1-56所示。

图 1-55   纳米屏幕

图 1-56   纳米纸电子报纸

c. 纸张尺寸。纸张有平板纸、卷筒纸之分，卷筒纸用于高速轮转印刷，主要用于报纸、书刊、标签、表格等印刷。平板纸用于单张纸印刷机，主要用于商品广告、书刊封面、宣传画等的印刷。

ISO 216 国际标准指明了大多数国家使用的标准纸张尺寸，根据该标准规定，纸张统一尺寸基本分为三种系列，分别用字母 A、B、C 表示，幅面大小排列顺序为 A＜C＜B。

同一系列纸张尺寸的关系为：全张纸两条边长之比为 $1:\sqrt{2}$。各种版式的名称中，字母后面的数字表示基本尺寸对半折了多少次，如 A0 纸张未折过，A1 表示纸张对半折了一次，A2 表示纸张折了二次，A3 表示折了三次，余类推。具体尺寸见下表 1-1 所示。

表 1-1 　　　　　　　　　　　　　　国际标准纸张尺寸　　　　　　　　　　　　单位：mm

ISO 216 A		ISO 216 B		ISO 216 C	
A0	841×1189	B0	1000×1414	C0	917×1297
A1	594×841	B1	707×1000	C1	648×917
A2	420×594	B2	500×707	C2	458×648
A3	297×420	B3	353×500	C3	324×458
A4	210×297	B4	250×353	C4	229×324
……	……	……	……	……	……

我国国家标准 GB147—89 规定，印刷、书写及绘图用原纸尺寸为：卷筒原纸宽度尺寸为 1575（2×787）mm、1092mm、880mm、787mm 四种，长度通常为 6000m。平板原纸的尺寸为 880mm × 1230mm、850mm × 1168mm、880mm × 1092mm、787mm × 1092mm、787mm×960mm、690mm×996mm 六种。

d. 其他基本概念

定量（克重）：纸张单位面积的重量，以 g/m^2 表示。按照造纸工业部门标准，通常把定量小于 $225g/m^2$ 的纸称为纸张，把定量高于 $225g/m^2$，称为纸板。

令：定量相同，幅面一致的 500 张全张纸为 1 令纸，在纸张交易及印刷使用中，平板纸通常以"令"作为计量单位。

印张：印刷机在全张纸上印一个面为一个印张，在全张纸两面印出的印刷品为两个印张。一令纸为 500 张，两面印即等于 1000 印张，也称"千印张"。印张是印刷生产的计量单位，也用作出版物的计量，是核算书刊用纸数量的依据。

e. 书刊用纸量计算

$$书刊用纸量＝（印张×印数）÷（2×500），计算单位为令数。 \qquad (1-1)$$
$$印张＝总页码÷开数 \qquad (1-2)$$

书刊封面用纸量计算方法与正文相同，但应注意将书脊用纸计算在内。

例：一本 16 开本的图书，扉页、前言、版权页、目录、序、正文、附录、后记、空白页等总面数为 240 面，则该书印张为 15（240÷16）。若印刷 5000 册，则总用纸令数为 75 令，即 37500 张全张纸。

f. 纸张性能。纸张性能，如平滑度、吸墨性、含水量、水中伸长率、抗张强度、变形率、白度、不透明度等对于选择印刷油墨、印刷压力，都有很大的关系，直接影响印刷质量优劣。如纸张不透明度低，印刷时就会产生"透印"；吸墨性弱，印刷时油墨与纸张结合力差，易出现印刷品背印或蹭脏现象。"透印"与"背印"现象见图 1-57 所示。

② 塑料薄膜。塑料类承印材料中，主要以透明、无毒、无味的塑料薄膜为主。塑料薄膜是由以合成树脂为基本成分的高分子有机化合物制成，它是平面状可成卷的柔软包装材料的总称。其中用吹塑法制成的薄膜称为"管状薄膜"，用压延法制成的薄膜称为"平膜"。

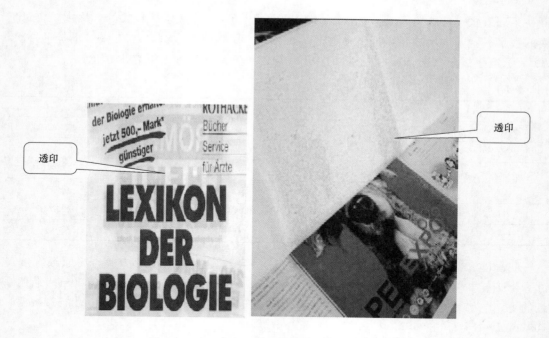

图 1-57 印刷质量问题"透印"与"背印"现象

　　塑料薄膜的厚度小于 1.5mm，超过者称为"片"，比片再厚的称为"板"。

　　塑料薄膜具有质轻、透明、防潮、抗氧、耐酸、耐碱、气密性好等特点，具有良好的商品包装特性。而塑料作为包装材料，经印刷后，图像色调浓厚、色彩艳丽夺目、立体感强，能有效地再现商品的造型、款式和色彩，具有很好的商品促销性，因而塑料薄膜被广泛应用于食品包装（糕点、糖果、奶粉、茶叶、调味品、冷冻食品等）、纤维制品包装（服装、针棉织品、化纤制品等）、日化用品包装（洗衣粉、洗涤剂、化妆用品等）、药品包装（片剂、粉剂等）等领域，塑料薄膜在包装印刷材料中占有很重要的地位。

　　塑料薄膜印刷用材最多的是聚乙烯，其次是聚丙烯，再其次是聚氯乙烯、玻璃纸等。在复合材料中还要用铝箔等包装材料。

　　（5）印刷机械　印刷机械是印刷过程中复制印刷品的机器、设备的总称，它是印刷过程中的核心，其作用是使油墨转移到承印物表面。

　　印刷机械中印刷机的种类繁多，有多种不同的分类方法，其主要的分类方法如下：

　　① 按有无印版分：有版印刷机（传统印刷机）、无版印刷机（数字印刷机）；

　　② 按印版种类分：凸版印刷机、平版胶印机、凹版印刷机、孔版印刷机、特殊印刷机；

　　③ 按压印形式分：平压平型印刷机、圆压平型印刷机、圆压圆型印刷机；

　　④ 按印刷色数分：单色印刷机、双色印刷机、四色印刷机、多色印刷机；

　　⑤ 按印刷幅面分：八开印刷机、四开印刷机、对开印刷机、全张印刷机、双全张印刷机；

　　⑥ 按印刷面数分：单面印刷机、双面印刷机；

　　⑦ 按纸张形式分：单张纸印刷机、卷筒纸印刷机。

　　各种类型的印刷机见图 1-58、图 1-59、图 1-60、图 1-61 所示。

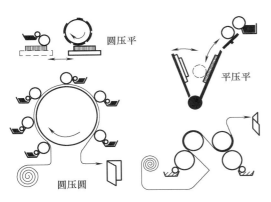

图 1-58　不同压印方式示意图

图 1-59　双色单张纸平版印刷机

图 1-60　多色单张纸平版印刷机

图 1-61　多色卷筒纸数码印刷机

1.4.2　印刷分类

随着科学技术的发展，印刷所涉及的领域越来越广，印刷技术和方法日新月异，操作方法及印刷效果也不尽相同。印刷可从不同的角度来分类，具体见表1-2。

表 1-2

印刷分类

按印版形式分		按承印物分	按印刷品用途分	按转印方式分	按原理分
传统印刷（有版）	凸版印刷	纸张印刷 塑料印刷 金属印刷 玻璃印刷 织物印刷 陶瓷印刷 木板印刷 ……	书刊印刷 新闻印刷 商业印刷 包装印刷 标签印刷 防伪印刷 艺术品印刷 特殊印刷 ……	直接印刷：版面上油墨直接转移到承印物上。凸版印刷机与凹版印刷机，及最老式平版石印机，均为直接印刷	物理原理：油墨在图文部分是堆积承载，空白部分低凹或高起，不黏附油墨。油墨转移至承印物上，仅属物理机械作用。一般凸版印刷、凹版印刷、孔版印刷均属物理原理印刷
	凹版印刷				
	平版印刷				
	孔版印刷				
数字印刷（无版）	喷墨印刷			间接印刷：版面上油墨先转移至橡皮滚筒上，再由橡皮滚筒将油墨转印到承印物上，如平版印刷	化学原理：图文部分和空白部分处于同一平面，图文部分亲油抗水，空白部分亲水抗油。印刷时空白部分须不断形成抗墨层，故为化学原理印刷，如平版印刷
	静电照相成像印刷				
	离子成像印刷				
	磁成像印刷				
	热成像印刷 ……				

1.5　印刷复制基础

　　彩色印刷是一个图像复制的过程，也就是图像信息传递和转移的过程。图像的信息归根到底就是组成图像的颜色信息，因此图像的复制可看成是颜色的复制。

　　我们可以把印刷颜色复制的全过程分成三个阶段：图像颜色的分解、传递和图像颜色的合成，而这个过程是建立在光和色三原色原理基础上的。

1.5.1　色彩基础

　　（1）颜色属性　各种物体对光会产生三种不同的作用：对光的吸收、透射和反射，之所以物体会呈现色彩，是由于该物体对光作了选择性吸收的结果。例如，在阳光下见到的红色物体，是因为该物体吸收了阳光中的绿光、蓝紫光，而将其不吸收的红光反射出来的缘故。

　　光与不同的物体相互作用或光与同一物体以不同的方式作用会形成不同的结果，人眼对这些不同结果的反应就形成了五颜六色的颜色感觉，这就是物体具有颜色的原因。因此，光源、人眼、物体是形成颜色的主要因素，颜色信息经大脑分析判断后就得到颜色感觉。颜色感觉过程如图 1-62 所示。

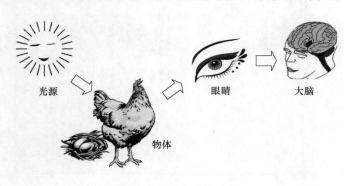

图 1-62　颜色感觉过程

　　从颜色的特性上可以把颜色分为两类：消色和彩色。消色由黑色、白色和不同深浅的灰色组成。彩色是除消色之外的所有颜色如红色、蓝色、绿色等。

　　① 非彩色。从最黑到最亮的各种灰色构成的非彩色可以排成一个系列，如图 1-63 所示，称为黑、白系列，该系列中由黑到白的变化可以用一条灰色带表示，一端是纯黑，另一端是纯白。

图 1-63　非彩色系列

物体将可见光全部反射，反射率等于 100％的为纯白色，物体将可见光全部吸收，反射率等于 0％为纯黑色。

黑白系列的非彩色只能反映物质的光反射率变化，在视觉上的感觉是明暗的变化。当印刷品的表面对可见光谱所有波长的辐射的反射率都在 80％～90％时，视觉上的感觉便是白色。若反射率均在 4％以下则是黑色。白色、黑色和灰色物体对光谱各波长的反射没有选择性，称它们为中性灰色。

② 彩色。黑白系列以外的颜色称为彩色。任何一种彩色均由三个量表示：色相、明度和饱和度。

a. 色相。色相是色彩最基本的特征，是人们用来区分颜色是红、绿、黄还是蓝色的一个视觉属性。色相由物体表面反射到人眼视神经的色光来确定，单色光的色相可以用其光的波长确定，若是混合光组成的色彩，则以组成混合光各种波长光量的比例来确定色相。例如：在日光下，印刷品表面反射波长为 500～550nm 的色光，而相对吸收其他波长的色光，该印刷品在视觉上的感觉便是绿色。

b. 明度。明度是用来判断颜色表面反射光量多少的颜色视觉属性，它是人眼对中性色和各种彩色明暗程度的感觉，即颜色的明度就是人眼感觉到的明暗程度。在某颜色中加入黑色，其明度就会降低，黑色加得越多，明度就降得越厉害。如果在某色中加入白色，其明度则会提高，白色加得越多，明度就提得越高。对于相同色相的物体表面，反射率越高，其明度就越高。

c. 饱和度。饱和度是表示彩色纯洁性的颜色视觉属性，它是以反射或透射光线接近光谱色的程度来表示的。颜色中包含的黑色或白色成分越多，视觉就越接近黑色或白色，它的饱和度就越低；相反如果颜色中不含黑色或白色成分，这个颜色就具有最高的饱和度，在视觉上与黑色和白色的差别最大。

色彩三属性彩图见书后彩图 1。

(2) 颜色混合

① 色光混合。

a. 色光三原色：在红、橙、黄、绿、青、蓝、紫等色光中，只有红（R）、绿（G）、蓝（B）这三种单色光是不能用其他色光混合成的，而这三种色光按不同比例可以混合出自然界的一切色光，这三种色光等量混合可得到白光。因此我们将红光、绿光、蓝光称为色光的三原色。为了统一色度方面的数据，国际照明委员会 1931 年规定三原色光的波长是：红色（R）光（700 毫微米）、绿色（G）光（546.1 毫微米）、蓝色（B）光（453.8 毫微米）。

b. 色光加色法：两种以上的色光相混合，使人视觉神经产生另一种色觉效果，称为色光的加色法，也叫加色效应。加色混合的最大特点是混合后的色光能量增强，因此颜色会越加越亮，彩色电视、彩色电影等都利用了这种混合原理。

当等量的三原色混合时，有以下的规律：

R（红）光＋G（绿）光＝Y（黄）光

G（绿）光＋B（蓝）光＝C（青）光

R（红）光＋B（蓝）光＝M（品红）光

R（红）光＋G（绿）光＋B（蓝）光＝W（白）光

如果把红、绿、蓝三原色光，分别和青、品红、黄三种色光等量相混合，可以得到白光，即：

R(红)光＋C(青)光＝W(白)光

G(绿)光＋M(品红)光＝W(白)光

B(蓝)光＋Y(黄)光＝W(白)光

当两种色光相加，得到白光时，这两种色光互为补色光。因此，红光与青光互为补色光，绿光与品红光互为补色光，蓝光与黄光互为补色光。

② 色料混合。

a. 色料三原色：颜料或染料等物质对不同波长的可见光进行选择性吸收后会呈现出各种不同的色彩，这些物质称为色料。

色料三原色是黄（Y）、品红（M）和青（C），其特点是色料三原色可以按不同的比例调配，混合出所有的色彩，而色料三原色不能由其他色料混合得到。

b. 色料减色法：如果让白光通过某种色料，则色料吸收白光中的部分色光，透射或反射剩余部分的色光，我们称之为色料减色法。色料的颜色由透过或反射的光决定，被吸收的是其补色光。

从书后彩图中有关色光加色法、色料减色法的图示可以明白，当白光通过黄染料后，被吸收了蓝光，通过了红光和绿光。红光和绿光，再次通过品红染料，绿光又被吸收，最后只剩红光。其他同理。

当等量的三原色混合时，有以下的规律：

Y(黄)＋M(品红)＝W(白)－B(蓝)－G(绿)＝R(红)

Y(黄)＋C(青)＝W(白)－B(蓝)－R(红)＝G(绿)

M(品红)＋C(青)＝W(白)－G(绿)－R(红)＝B(蓝)

Y(黄)＋M(品红)＋C(青)＝W(白)－B(蓝)－G(绿)－R(红)＝BK(黑)

如果把青、品红、黄三原色色料，分别和红、绿、蓝三种色料等量相混合，可以得到黑色，即：

R(红)＋C(青)＝BK(黑)

G(绿)＋M(品红)＝BK(黑)

B(蓝)＋Y(黄)＝BK(黑)

两种色料相混合得到黑色，我们称这两种色料互为补色，品红与绿、青与红、黄与蓝互为补色，这说明色光三原色与色料三原色之间存在着互补关系。

减色混合与加色混合最大的区别是减色混合后光的能量减少，因此减色混合后的颜色是越加越暗。彩色印刷、印染、摄影、颜料调配等利用了这种原理。

色光加色法、色料减色法彩图见书后彩图 2。

（3）彩色图像的色彩分解、传递和合成 最早期的彩色印刷品是由九至十二块不等的印刷版叠印而成，不但费时费工，而且得到的只是接近彩色效果的图片。直至十九世纪末在色彩学有关原色、间色、混色及分色成像理论上有突破性发现后，才使彩色复制技术发展到仅用黄、品红、青三色版即可叠印出和原稿接近的彩色印刷品。但由于印刷用的 Y、M、C 三原色墨或多或少含有杂色，其纯度并非理想值的百分之百，造成在分色及叠印过程中容易形成偏色。因此，使用黑版能稳定图像暗调颜色。另外使用黑版，也解决了黑色文字印刷。

①分色原理。我国国家标准 GB/T 9851.1—2008 对分色的定义是：分色（Color Separation）是为制作一套多色印刷用的色版，将原稿图像分解成相应印刷油墨颜色成分的过程。

彩色原稿，虽然其色彩千变万化，然而按三原色理论来分析，所有颜色都可以由色料三原色混合而成。由于各种不同的颜色均由黄、品红、青三原色以不同的比例组合而成。因此，只要将彩色图像分解成黄、品、青三色版，再加上黑版，形成 Y、M、C、K 四个色版，而每个色版上的影像分别对应着该色油墨的墨量。在印刷过程中，将四个色版的油墨套印在纸张的同一位置上，就实现了颜色的混合，得到与原稿相对应的颜色，达到了颜色复制的目的。

用色光三原色即红、绿、蓝三原色滤色镜将彩色原稿分解为黄、品、青三色版的过程就是分色。分色的主要工具是滤色镜，滤色镜具有选择性吸收光线的能力。它能透过本身颜色的色光，而吸收另外两种色光。传统的色彩分解过程如图 1-64 所示。

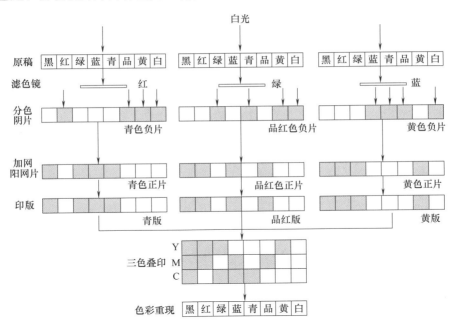

图 1-64　彩色原稿分色原理图

颜色的分解是利用红、绿、蓝滤色片，对原稿反射或透射的色光选择性的透过和吸收进行的。例如，图 1-64 中的红滤色片，只能透过从原稿上反射或透射的红光、品红光、黄光和白光，感光片上对应部位曝光；原稿上青色、绿色、蓝色和黑色部位的色光被红滤色镜吸收，感光片上对应部位不能曝光。曝光后的感光片经冲洗处理，见光部分变成了黑色影像，没被曝光部位是透明的，这就是青分色阴片。青分色阴片经拷贝处理，变成了与阴片明暗变化相反的阳图。用该阳图片晒版，就制成了青印版。

同理，用绿滤色片分色得到的是品红版；用蓝滤色片分色得到的是黄版。

用黄、品红、青三原色油墨，将相对应的三色印版，套印在纸张的同一位置上，就再现了原稿的彩色效果。

通常把分色过程理解为色的分解过程，而叠印过程理解为色的合成过程，其中间过程理解为色的传递过程。彩色原稿色彩分解过程彩图见书后彩图 3、彩图 4。

② 彩色印刷中的色彩合成。对连续调图像，是由网点组成半色调图像再现的，网点就成为再现彩色的传递基础。网点在套印时，因其角度和大小不同，彩色合成时产生两种情况，一为网点叠合，一为网点并列。

a. 网点叠合：光照射在油墨上，会吸收一种色光，反射或透过其他两种色光。当两种油墨叠合后也同样会选择性吸收与反射光线。例如，白光照射在黄色、品红色两油墨的叠合层上时，品红油墨层吸收白光中的绿色光，而透过蓝色光和红色光，蓝、红色光又透射在黄油墨层上，黄油墨吸收蓝色光，透过红色光，红色光又透射在白纸上，被反射回来。因此，在品红、黄两油墨叠合后看到的是红色，如图 1-65（A）所示。同理，黄、青两色油墨叠合成

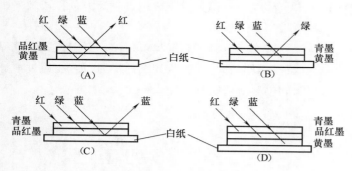

图 1-65　网点叠合呈色示意图

绿色，如图 1-65（B）所示，品红、青两色油墨叠合成蓝色，如图 1-65（C）所示。当黄、品红、青三色油墨叠合时，色光都被吸收，无色光反射回来，所以成黑色，如图 1-65（D）所示。

油墨吸收色光的多少，与油墨的浓度、透明度及墨层厚度、叠印先后等因素有关。

b. 网点并列：当黄、品红两色网点并列时，会产生什么色光呢？如图 1-66（A）所示，白光照射在黄色网点上，黄色网点便吸收蓝色光，反射红色光和绿色光；白光照射在品红色网点上，品红色网点吸收绿色光和蓝色光。由于两色网点并列，便将两色网点反射出的红色光、绿色光、蓝色光进行空间混合。在四种色光中红色光、绿色光的蓝色光组成白光，余下的即为红色光，所以当黄、品红两色网点并列时，也成红色。同样，品红、青

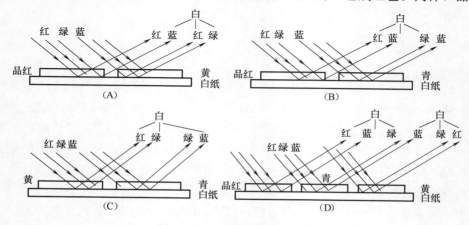

图 1-66　网点并列呈色示意图

两色网点并列生成蓝色，如图1-66（B）所示。黄、青两色网点并列则成为绿色，如图1-66（C）所示。而黄、品红和青三色网点并列则成白色，如图1-66（D）所示。两网点并列，当网点大小不同时，则产生的色光偏于大网点的一侧，如大的品红网点与小的黄色网点并列，产生的色光偏红色。

　　根据上述原理，在颜色合成时，由于网点大小的不同，油墨的浓度、透明度的不同。便可组合出千变万化的颜色。网点叠合、网点并列实际效果见彩图5。

1.5.2 加网基础

　　传统印刷复制中，连续调图像的明暗层次（阶调），在印刷品上通过两种方法来表现。一种是利用墨层厚度的变化，如凹版印刷；一种是利用网点覆盖率，如凸版印刷、平版印刷、孔版印刷等。

　　我国《GB/T 9851.1—2008印刷技术标准术语》对网点覆盖率的定义是：网点覆盖率（Dot Area Coverage）是网点覆盖面积与总面积之比，通常用百分数表示。对网点的定义是：网点（Dot）是构成印刷图像的基本元素。通过其面积或空间频率的变化再现图像的阶调和颜色。加网则是采用模拟或数字技术生成网目调的过程。

　　（1）网点作用　任何连续调原稿，均是以极其微小的颜料颗粒或银粒分布的密度，构成连续晕染的阶调层次。但印刷时，是无法依靠这些微小颗粒来吸附油墨，进而传递图像信息至承印物上的。原稿颗粒分布如图1-67所示。

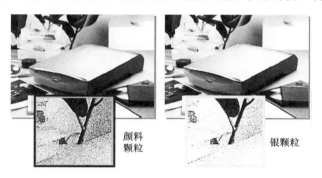

颜料颗粒

银颗粒

图1-67　连续调原稿细小颗粒分布

　　所以印刷前必须按照印刷工艺特点，将原稿上由细微颜料颗粒或银粒晕染的阶调层次，重新分割成大小不等或疏密不同的不连续点子。在印张单位面积内，分割的点子总面积大，印刷时油墨覆盖率高，反射光线少，画面色调就暗；反之点子总面积小，油墨覆盖率低，反射光线多，画面就亮，原稿图像的浓淡层次，就能在印张上得以再现。这种大小或疏密不同的不连续点子，在印刷上称为网点。在凸版、平版、孔版等印刷中，网点是最小的吸附油墨单位，是组成图像的最基本元素。除此之外，网点还起着组织颜色、层次和图像轮廓的作用。原稿、印刷品上图像颗粒分布如图1-68所示。

　　在印刷图像复制中，网点类型可分为：调幅网点，调频网点，以及包含调幅网点和调频网点两种方式的混合网点。

　　（2）调幅网点（AM）　我国《GB/T 9851.1—2008印刷技术标准术语》对调幅网点的定义：调幅网点是具有一定的网目频率、网目角度和网点形状，通过网点覆盖率的变化再现图像阶调和颜色的网目结构。

　　调幅网点又称AM（Amplitude Modulated Dot）网点，它是一种当前使用广泛的传统网点形式。其特征是单位面积内网点数不变，通过网点大小来反映图像色调的深浅。对

原稿　　　　　　　　　　　　　　印刷品

图 1-68　图像加网

应于原稿色调深的部位，复制品上网点面积大，接受的油墨多；对应于原稿色调浅的部位，复制品上网点面积小，接受油墨量少。调幅网点分布如图 1-69 所示。

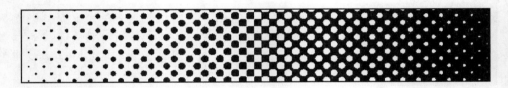

图 1-69　调幅网点

① 网点大小。网点大小是用网点覆盖率来衡量，网点覆盖率是指网点覆盖面积与总面积之比（图 1-70），通常用百分数表示。网点的大小可以用网点密度计测量，直接测出网点面积百分数。也可用放大镜目测网点面积与空白区面积的比例，来估算出网点的大小。习惯上用"成"来表示网点的大小。例如单位面积内着墨面积率为 50％的被称为"五成网点"，着墨面积率为 20％的称为"二成网点"。100％的网点着墨面积率被称为"实地"，0 网点着墨面积率被称为"绝网"。

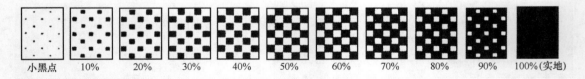

小黑点　10％　20％　30％　40％　50％　60％　70％　80％　90％　100％(实地)

图 1-70　网点面积百分比

对于方形网点，可以通过目测判断其大小，具体方法是：在 2 粒正方形黑网点平行边线之间，能嵌入 3 粒同样大小的网点，则该网点面积为 10％，即一成网点；能嵌入 2 粒同样大小的网点为 20％，即二成网点；能嵌入 1 粒加 1/2 粒同样大小的网点为 30％，即三成网点；能嵌入 1 粒加 1/4 粒同样大小的网点为 40％，即四成网点；黑白各半为 50％，即五成网点。50％以上的网点看透明点的大小，即在 2 粒正方形白网点平行边线之间，能嵌入 1 粒加 1/4 粒同样大小的网点为 60％，依次类推，见图 1-71 所示。

在图像复制中，通常用网点面积 10％～30％来表现原稿的亮调部分，用网点面积 40％～60％来表现原稿的中间调部分，即原稿上明、暗交界处的中间部位。用网点面积 70％～90％来表现原稿的暗调部分，即原稿上比较深暗的部位。

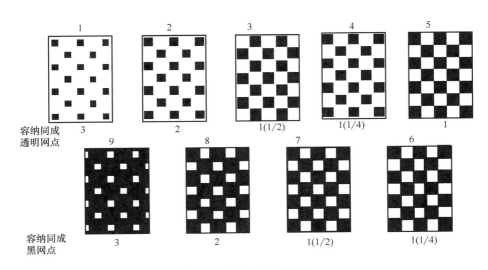

图 1-71　网点大小的判断

② 网点形状。我国《GB/T 9851.1—2008 印刷技术标准术语》对网点形状定义：网点形状（Dot Shape）是指"网点轮廓的几何形态，通常有方形、圆形、链形等多种。"

网点形状是指单个网点的几何形状，通常以 50％网点所呈现的几何形状表示。常用网点形状主要有方形、圆形、钻石形、椭圆形、圆方形等。见图 1-72 所示。

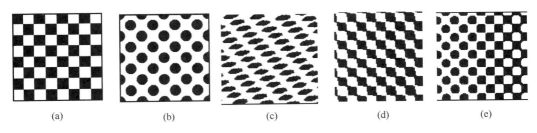

图 1-72　网点形状
（a）方形　（b）圆形　（c）椭圆形　（d）菱形　（e）圆方形

当选用方形网点复制图像时，则在 50％网点处黑色与白色刚好相间而成棋盘状，容易根据网点间距判别网点的相对百分率。当正方形网点面积率达到 50％后，网点与网点的四角相连，印刷时连角部分容易出现油墨的堵塞和黏连，从而导致网点扩大。但方形网点对于原稿层次的传递较为敏感，所以方形网点适合复制中间调要求不高的原稿，能表现出更为鲜明的高调和暗调层次。

圆形网点在画面的高、中调处都是独立的，只有在暗调处网点才互相接触。因此画面中间调以下的网点扩大值很小，可以较好地保留中间层次。在正常情况下，圆形网点在 70％面积率处四周相连。一旦圆形网点与圆形网点相连后，网点扩大率就会很高，从而导致印刷时因暗调区域网点油墨量过大而容易在周边堆积，最终使图像暗调部分失去应有的层次。

钻石形网点又称菱形网点，通常网点的两根对角线是不相等的。钻石形网点在 25％面积率处会发生长轴交连，而在 75％网点面积率时会发生短轴交连。因此，除高光区域的小网点呈局部独立状态、暗调处菱形网点的四个角均连接外，画面中大部分中间调层次的网点都是长轴互相连接，在短轴处不相连，形状像一根根链条，所以菱形网点又被称为链形网点。用菱形网点表现的画面阶调特别柔和，反映的层次也很丰富，对人物和风景画面特别合适。

椭圆形网点的网点特征与对角线不等的菱形网点相似，区别是四个角不是尖的，而是圆的，因此不会像对角线不等的菱形网点那样在 25％网点面积率处交接。此外在 75％网点面积率处也没有明显的阶调跳变现象。

圆方形网点的优点是扬方形网点、圆形网点之长，避两者之短。网点在中间调区域网点呈圆形，四角不相连，而在其他区域网点呈方形。

③ 网目角度。我国《GB/T 9851.1—2008 印刷技术标准术语》对网目角度定义：网目角度（Screen Angle）是指"不同色版网目轴与基准轴之间最小的夹角。"

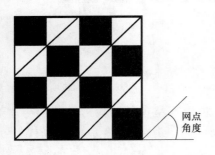

图 1-73　网点角度示意图

网目角度也称网点角度，是指相邻网点中心连线与基准线的夹角叫做网线角度。如果设定基准线为零度网点，按逆时针方向测得的角度就是该网点排列结构的网点角度。除了菱形网点外，一般网点角度只在第一象限内，如图 1-73 所示。

常用的网点角度是 90°（0°）、15°、45°、75°（图 1-74）。因为从视觉上说，45°的网点角度最舒服、最美观，表现最为稳定而又不呆板，是最佳的网点角度。15°和 75°次之，它们虽不稳定，但也不呆板。视觉效果最差的是 90°（0°），它虽然稳定，但太呆板，美感较差。网点交叠花纹效果如图 1-75 所示。

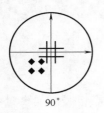
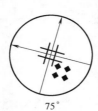
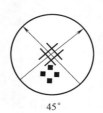
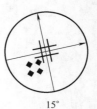

90°　　　　　　　75°　　　　　　　45°　　　　　　　15°

图 1-74　网点角度示意图

两种或两种以上不同角度的网点套印在一起时，会产生莫尔条纹（Moire）。此现象是调幅网点不可避免的问题。随着网点角度差的变化，其莫尔条纹产生的视觉效果不相同。其中网点角度差在 30°和 60°产生的花纹最细腻、最美观，45°度差次之。当角度差产生的莫尔条纹有损图像美感时，此条纹在印刷上就被称之为"龟纹"。

我国《GB/T 9851.1—2008 印刷技术标准术语》对龟纹定义：由不同角度或不同空间频率的多组线条或多行网点交叉排列后形成的干扰性条纹，称为"龟纹"。龟纹图示见图 1-76。

为减少龟纹对印刷图像的影响，在四个色版具体的网点角度的安排上，应遵从以下原则：其一，使印版油墨的颜色强弱与网点角度的视觉效果的好坏对应起来，充分发挥强色

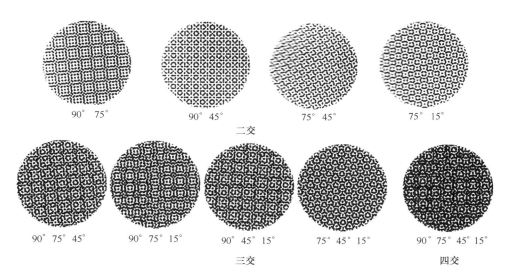

90°　75°	90°　45°	75°　45°	75°　15°

二交

90°　75°　45°	90°　75°　15°	90°　45°　15°	75°　45°　15°	90°　75°　45°　15°

三交　　　　　　　　　　　　　四交

图 1-75　网点交叠花纹

图 1-76　龟纹图案与印刷品上的龟纹实样

的作用，同时也抑制不良网点角度对视觉的影响。其二，画面最主要色版或最强色版应选择 45°角度，另两个强色则分别占有 15°、75°角度，最弱的色版应放于 90°角度，使各色版间的网点角度差趋于合理。四色版网点角度差的彩色图示见书后彩图 6。

国际上通常采用的彩色网线角度有以下几种：

a. 单色印刷：如黑白印刷品，黑版用 45°；

b. 四色印刷：网点角度安排见表 1-3。

表 1-3　　　　　　　　　　　　　　　网点角度安排

分色版 原稿	C(度)	M(度)	Y(度)	BK(度)
以人物为主的暖色调原稿	75	45	90(0)	15
以冷色调为主的风景原稿	45	75	90(0)	15
以墨为主的国画原稿	75	15	90(0)	45

④ 网目线数。我国《GB/T 9851.1—2008 印刷技术标准术语》对网目线数定义是：网目线数（Screen Ruling）特指调幅加网的网目频率。而网目频率（Screen Frequency）

是在得出最高值方向上，单位长度内的网点或线条的数目，常以 lpc（线/厘米）或 lpi（线/英寸）来表示。

　　网目线数愈高，表示图像的基本单元愈小，图像的细微层次表达的愈精细。网目线数的选择，主要依据不同的印刷条件、纸张性能等因素来决定。不同线数的网目调图像效果如图 1-77 所示。网线粗细适用对象见表 1-4。不同加网线数的彩图效果见书后彩图 7。

图 1-77　不同网线数的网目调图像

表 1-4　　　　　　　　　　　网线粗细适用对象（适合平版胶印）

网线粗细	适用对象
100～120 线/英寸 （40～48 线/厘米）	彩报及视距较远的招贴画等，印刷主要用纸是新闻纸、胶版纸
150 线/英寸 （60 线/厘米）	课本读物、对开挂图等，印刷用纸是胶版纸，普通铜版纸
175～200 线/英寸 （70～80 线/厘米）	画册、画报、古画复制等，印刷用纸是铜版纸
250～300 线/英寸 （98～118 线/厘米）	特别精致的画册，有限印刷国画复制品等，印刷用纸是高级铜版纸、特制宣纸

　　调幅加网技术成熟而稳定，对设备、印刷条件要求不高，是目前印刷复制工艺最常用的加网技术。但调幅加网也有它的局限性：如无法实现高网线数图像复制、四色叠印时会出现细小的玫瑰斑、印刷时易产生龟纹、不利于多色印刷等。调幅网点特征如图 1-78 所示。

　　（3）调频网点（FM）　我国《GB/T 9851.1—2008 印刷技术标准术语》对调频网点定义：调频网点（Frequency Modulated Dot），具有固定的网点大小和形状，通过网点空间频率的变化再现图像阶调和颜色的非周期性网目结构。如图 1-79 所示。

　　调频加网技术，每个网点的面积保持不变，依靠改变网点的密集程度，也就是改变网点在空间分布的频率，从而来调节印刷时在纸张上的给墨量，以便控制颜色的深浅和阶调的亮暗，使原稿上图像的明暗层次在印刷品上得到再现。FM 网点在空间的分布没有规律，为随机分布。

　　调频加网技术解决了很多调幅网点引起的问题，如玫瑰斑、龟纹等。另外调频加网

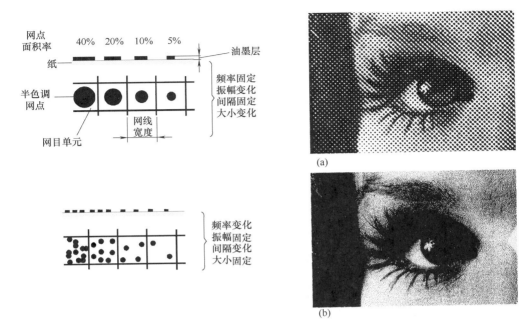

图 1-78 传统网点与调频网点

（a）调幅网点 （b）调频网点

图 1-79 调频网点

无需考虑加网线数、网点角度和网点形状三个要素，只有网点尺寸这一要素。通常调频网点的直径一般介于 $10.6\sim30\mu m$，网点越小，印刷画面就越细腻。但由于网点尺寸太小，复制过程中需要更严格的工艺控制和监测技术。且印刷时，对设备及印刷条件要求高。另外调频网点的不规则排列，会在局部产生线条和跳棋状结构，易出现局部油墨的堆积。

（4）混合加网 混合型加网（Hybrid Screening）技术，是借鉴 AM 和 FM 两种网点特性的加网技术。它既体现了调频网点的优势，又具有调幅网点的稳定性和可操作性。如图 1-80 所示。

图 1-80 混合网点

通常采用调幅加网制作 300 线以上的精细印刷品时，要求输出设备的精度高，这样会使输出效率降低，并且对印刷条件都有很高的要求。而混合加网的一大特点就是在沿用原有的输出精度条件下，就能实现超 300lpi 的画面精度，却不影响输出速度，也不需要传统的高线数加网工艺所需要的苛刻条件，印刷条件与传统的调幅网点相同，即在现有的印刷条件下就能真正实现 1‰～99‰网点再现。

习题

一、判断题

1. 文字的产生为印刷技术的发明提供了技术条件。

2.《金刚经》是保存至今且载有明确日期的最早的雕版印刷品。

3. 分色的主要工具是滤色镜，滤色镜具有选择性吸收光线的能力，它能吸收本色光，透过相反色光。

4. 木刻版画的印版，具有凸版印版的特征。

5. 我国对印刷业实行的是特种管理。

6. 印刷业具有制造业、服务业、信息业多重产业特征。

7. 调幅加网技术是通过单位面积内网点的大小来表现图像色调深浅的。

8. 半色调图像是指用网点来表现阶调的图像。

9. 彩色印刷复制是应用了色光减色法的原理。

10. 用于胶印的图像加网线数通常为 72 线。

11. 等量的 C 墨和 M 墨混合后会形成 R 色。

12. HSB 表示色彩三属性，其中 B 代表颜色的饱和度。

13. 调频加网技术，会因网点角度安排不当，而造成某些色版印刷后产生龟纹。

14. 在红色背景中置一蓝色小方块，在视觉上小方块的颜色偏青。

15. 连续调图像的画面阶调是连续渐变的，如照片、油画、国画、印刷复制品等作品。

二、选择题（单项）

1. 印刷术发明的物质基础是＿＿＿＿＿＿。

A. 拓石的产生　　　B. 文字的产生　　　C. 笔、墨、纸的出现　　　D. 盖印的发明

2. 本书《印刷概论》开本为＿＿＿＿＿＿开。

A. 4　　　　　　　B. 8　　　　　　　C. 16　　　　　　　D. 32

3. 在四色版中，网点角度置于 90 度的色版是＿＿＿＿＿＿。

A. K 版　　　　　　B. M 版　　　　　　C. C 版　　　　　　D. Y 版

4. 颜色的＿＿＿＿＿＿是以反射或透射光线接近光谱色的程度来表示的。

A. 灰度　　　　　　B. 色相　　　　　　C. 明度　　　　　　D. 饱和度

5. 理论上 20‰青、20‰品红，叠印后的颜色为＿＿＿＿＿＿色。

A. 深蓝　　　　　　B. 深绿　　　　　　C. 浅蓝　　　　　　D. 浅绿

6. ISO 纸度将纸张分为 A、B、C 三种系列，其大小排列顺序为＿＿＿＿＿＿。

A. C＜A＜B　　　　B. C＜B＜A　　　　C. A＜B＜C　　　　D. A＜C＜B

7．我国国家标准规定，正度纸张尺寸是_____。

A．780mm×1080mm　　　　　　　B．787mm×1092mm

C．880mm×1230mm　　　　　　　D．889mm×1194mm

8．经过实验发现，当网点角度差为_____度时产生的莫尔条纹最细腻、最美观。

A．75　　　　　　B．45　　　　　　C．30　　　　　　D．15

9．对开版，就是一次可印16开印品_____张。

A．4　　　　　　B．8　　　　　　C．16　　　　　　D．32

10．一本8开杂志有128页，准备印5000本，则需要_____令纸张。

A．80　　　　　　B．160　　　　　　C．320　　　　　　D．480

11．用红滤色镜分解得到的是_____。

A．黄版　　　　　B．品红版　　　　　C．青版　　　　　　D．黑版

12．下列颜色不构成互补色的是_____。

A．品红和绿　　　　B．品红和黄　　　　C．青和红　　　　　D．黄和蓝

13．我国的书刊、报纸印刷，基本上采用_____印刷方式。

A．平版　　　　　B．丝网　　　　　C．凹版　　　　　　D．凸版

14．以 品 红 黄 绿 青 蓝 黑 白 色标为原稿，经扫描、处理、输出后，其品红阳图印版上的明暗变化如_____所示。

A．　　　　　　　　　　　　　　B．

C．　　　　　　　　　　　　　　D．

15．在使用调频加网时，需要考虑的加网参数只有_____。

A．网点面积　　　　B．网点形状　　　　C．网线角度　　　　D．网点尺寸

三、问答题

1．简述色料混合特点和基本规律。

2．网点在印刷中起哪些作用？目前有几种加网技术？各有何特点？

3．你认为本教材是用什么类型纸张、采用何种印刷方式印刷的？并请计算这本教材的印张数是多少？印刷这批书共需要多少令纸张？

4．以 品 红 黄 绿 青 蓝 黑 白 色标为原稿，请用图示说明传统印刷复制过程中，色彩分解、传递、合成的过程。

5．你认为新媒体对纸媒体的影响有多大？请简述。

能力项目

项目一、颜色感觉认知

1．目的：通过对颜色样本的排列，掌握颜色三属性的主观感觉，以进一步巩固所学理论知识。

2．要求：仔细观察书后附页的颜色样本图（彩图8），将颜色样本（1）、（2）、（3）中的各色块剪裁开，利用目测法，将颜色样本中各色块按色相、明度、饱和度的变化进行颜色样本排列，并将所排的样本按顺序粘贴在白纸上。

3. 思考：仔细观察书后附页彩图中的印刷色谱代码表（彩图 9），学会使用颜色编号传递颜色。

项目二、分色版认知

1. 目的：通过对分色版的判断，加深对彩色图像颜色分解过程的理解，以进一步巩固所学理论知识。

2. 要求：

（1）根据日常生活经验，判断以下四块色版的版别。

图（1）　分色版___?___

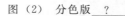

图（2）　分色版___?___

图（3）　分色版___?___

图（4）　分色版___?___

（2）判断以下四色版的加网角度。

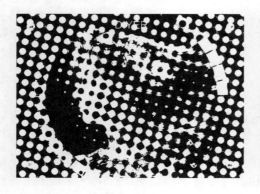

图（1）　角度___?___

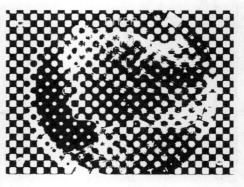

图（2）　角度___?___

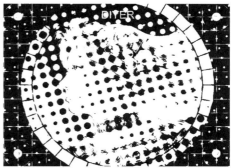

図（3）　角度__?__　　　　　　　図（4）　角度__?__

第2章
印前设计

从第 1 章中我们可知，印刷复制过程是由印前版式设计、印前处理、印刷及印刷加工四个工序组成。版式设计是进行印刷复制的第一步，不同的印刷用途，如书刊、产品包装、广告宣传、标签等都有不同的设计要求和特点。

本章就版式设计要素、书刊版式设计、包装盒型设计的要求和特点及印刷版式，作简单的介绍。

2.1　版式设计要素

版式设计是平面设计中的一个组成部分，是视觉传达设计中的重要环节。版式设计是通过调动各种设计元素：文字、图片等，在既定版面上进行编排设计，以版式上的新颖创意及个性化的表现，强化形式和内容的互动关系，以期产生全新的视觉效果。

版式设计的三大要素是：图片、文字和色彩，而其中图片和文字的编排是版式设计中关键的元素。在设计中通过对图片和文字在版式设计中的组织关系来实现平面设计作品意定的韵律感、节奏感等不同的视觉冲击。从一定意义上说，图片与文字的版式编排将决定着整个平面设计作品的传达效果。

2.1.1　文字

文字是一种具体的视觉传达元素。文字是人脑对自然与社会带有情感色彩的反映，其自身具有表达意义，传递有效信息的功能，它通过改变字体、字号、字宽、字形等样式达到不同的视觉效果，无论是中外字体中的哪一种，不同的字体给人的心理感受不一样。文字具有传递细节信息及将设计具体化的功能。

（1）字体　字体就是字的形态或形体，不同的印刷出版物在不同的情况下需要用不同的字体来印刷出版。而供排版、印刷用的规范化文字形态，叫做印刷字体。

在汉字的印刷字体中，最常用的基本字体有宋体、黑体、楷体、仿宋体四种，除此之外，还有美术体、标准体、书写体等特种字体，在计算机软件中一般还可以选配如：行楷、魏碑、隶书、姚体、大黑等其他可选字体，见表2-1。

表2-1　　　　　　　　　　　　　　　　几种印刷字体

宋　　体	一年之计在于春	一日之计在于晨	方正舒体	一年之计在于春	一日之计在于晨
仿宋体	一年之计在于春	一日之计在于晨	华文新魏	一年之计在于春	一日之计在于晨
黑　　体	一年之计在于春	一日之计在于晨	华文行楷	一年之计在于春	一日之计在于晨
楷　　体	一年之计在于春	一日之计在于晨	幼　　圆	一年之计在于春	一日之计在于晨
方正姚体	一年之计在于春	一日之计在于晨			

（2）规格　文字规格又称文字字号。印刷文字有大有小，其规格尺寸以正方形的汉字为准，对于长或扁的变形字，则要用字的双向尺寸参数。通常有号数制、点数制等几种文字的计量方法来表示其规格大小。

① 号数制。号数制是将一定尺寸大小的字形按号排列，号数越高，字形越小。一般有初号、一号、小一号、二号、小二号……号数制使用方便、简单、无需记实际尺寸，但由于字形不能无级变化，在使用时常受到限制（表2-2）。

② 点数制。点数制是国际上通用的一种印刷字符计量方法，是从英文 Point 的译音来的，一般用小写的英文 p 表示，又称"磅"（表2-3）。有如下换算关系：

$1p = 0.35146mm \approx 0.35mm$，1 英寸 ≈ 72 点。

表2-2　　　　　　　　　　　　　　　号数制字形实例

字号	初号字	小初号字	一号字	小一号字	二号字	小二号字	三号字	小三号字
字样	印	印	印	印刷	印刷	印刷	印刷	印刷
字号	四号字	小四号字	五号字	小五号字	六号字	小六号字	七号字	八号字
字样	印刷	印刷	印刷概论	印刷概论	印刷概论	印刷概论	印刷概论	印刷概论

表2-3　　　　　　　　　　　号数制、点数制和毫米间的换算关系

字号	磅数	毫米	主要用途	字号	磅数	毫米	主要用途
六　　号	7.87	2.77	角标、版权、注文	四　　号	13.75	4.83	标题、公文正文
小五号	9	3.16	注文、报刊正文	三　　号	15.75	5.51	标题、公文正文
五　　号	10.5	3.70	正文	二　　号	21	7.38	标题
小四号	12	4.22	标题、正文	一　　号	27.5	9.67	标题

（3）文字样式　文字样式就是指文字的外形，可以对文本起到修饰的作用。文字样式除了"正常"字体外还包括粗体、斜体、空心字、阴影等，而且几个文字样式可以同时选择，例如可以选择空心的下画线字、带下画线的斜体空心字等（表2-4）。

表2-4　　　　　　　　　　　　　　　　字体样式

字体样式	粗体	斜体	下画线	空心字	阴影	阴文
印	印	印	印	印	印	印

图 2-1　文字修饰效果

（4）文字修饰　文字修饰是对版面的美化装饰，使用时要根据设计物类型和风格合理使用。专业排版软件中字形的修饰有多种，如倾斜、旋转、立体字、笔画加粗字等。图 2-1 为文字多种修饰效果。

（5）文字设计注意事项　在版式设计时，文字选用要符合印刷工艺、印刷条件等要求。对于正文部分或者混合底色上用反白字时，字体应当使用黑体、隶书等字体，避免使用仿宋、细等线等笔画很细的字体，字体笔画太细，印刷时笔画易丢失，造成字迹不全。也应避免使用黑体加粗体等文字效果，以免印刷时产生糊版。字号选择也需要适当大些，一般不小于 7 磅字。

同时，细小文字应避免叠印在深色的背景上。显示屏上深色背景上的细小文字可能很清楚，但由于油墨减色呈色的原因，印刷会使细小的文字不醒目。另外应尽量避免使用细小反白字，尤其是不能使用由两色以上油墨叠印组成的反白字。

2.1.2　图片

图片与文字在版式设计中的主要功能是传达信息，而图片所具有的视觉传达特点是直接性和抽象性。图片依靠它本身的独特形式和色彩，直接对人的视觉神经产生刺激，将信息传达至接受者大脑右半球的视觉皮层。因此图片是通过自身的形式、大小、数量等给读者以直接的信息传递，使得读者能在很短的时间引起注意和思考。

在计算机信息处理中，根据数据结构特点、描述方法和处理机制的不同，图片可分为图形（Graphics）和图像（Image）两大类。

图形和图像在设计中的共同点是都可以形成视觉信息，具有"图示"性，不同之处在于图形侧重于描述和表现对象的形状特征，图像侧重于真实反映对象的面貌。

（1）图形　我国《GB/T 9851.1—2008 印刷技术标准术语》对图形的定义：图形由人工或由计算机构造的、具有某种形体特征的视觉信息体。印刷五大要素之首原稿中的线条稿，就是图形的一种表现形式。

在计算机处理中，图形是指按图形算法生成并以相关参数存储的图像，如通过计算机绘制的直线、圆、矩形、曲线、图表、几何图形、工程图纸、CAD、3D 造型等，这些图形是建立在模型、函数、参数、算法等基础上的，具有"矢量"特性，所以称其为矢量图。

图形属性分为轮廓线属性和填充属性两大类。当一个图形对象被赋予特定的轮廓线属性和填充属性后，就构成了完整的形状以及为该形状所包围的内部填充特征，该图形就可以用来描述特定的客观物体。图 2-2 是用计算机图形软件绘制而成的矢量图。

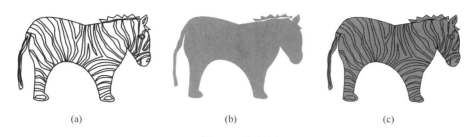

(a)　　　　　　　　　　(b)　　　　　　　　　　(c)

图 2-2　矢量图

（a）只描边　　（b）只填充　　（c）描边并填充

矢量图形最大的特点是文件小，且无论放大、缩小或旋转等不会失真。

在图形设计时，其轮廓线线宽设置通常不应小于 0.1mm；阴线宽度不能小于 0.12mm，太细，印刷时容易造成断线、丢失或糊版现象。

（2）图像　我国《GB/T 9851.1—2008 印刷技术标准术语》对图像定义：图像是自然界存在或人工参与制作的，一般由大量像素组成的视觉信息。

图像分为模拟图像和数字图像，模拟图像即实物图像，如照片、底片、印刷品、画，甚至包括电脑屏幕、电视屏幕和画面等。模拟图像不但在二维空间上是连续分布的，而且空间上某一点的亮度值也是连续的。

当计算机对图像进行处理时，就必须把连续图像变换成离散图像，这一过程称之为图像数字化，这离散的图像就称之为数字图像。

连续图像在数字化时，将画面分割成 M×N 个网格，每个网格用一个亮度（及色度）值表示，每个网格称为一个像素，所以数字图像实际上是由一系列离散单元经过量化后形成的灰度值的集合，即像素（Pixel）的集合。

像素（Pixel）一词是由 Picture（图像）和 Element（元素）这两个单词的首字母所组成，它是组成数字图像成像的基本元素，它定义图像中每个点的颜色和亮度，像素的多少决定着数字图像的精细程度。像素越多，分割图像的网格就越小，图像就越精细，如图 2-3 所示。随着网格的缩小，图像变得精细，边缘趋近光滑。

图 2-3　像素与图像质量关系

数字图像的特点是文件大小和组成该图像的像素点多少有关，占用存储空间较大，一般要进行数据压缩，压缩或处理方式若不当，则会造成图像失真。另外数字图像放大倍率过大，图像边缘会产生明显锯齿状，如图 2-4 所示。

在计算机图像处理技术中，这种由像素组成的图像通常又称为点阵图或位图。位图有

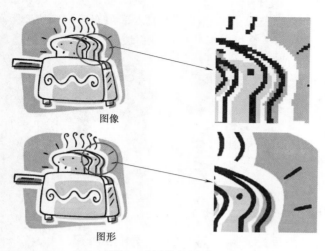

图形

图 2-4　图像与图形

多种表示和描述的模式，如根据像素颜色信息位图主要可以分为黑白图像、灰度图像、彩色图像。

① 黑白图像：是指每个像素的信息只能是黑或白的图像。黑白图像的黑和白之间，没有中间过渡，故又称为二值图像或 1 位图像。其中黑色像素描述成"1"，白色像素描述成"0"。由于显示这些颜色只需要很少的信息，所以 1 位图像文件最小。

二值图像在印刷复制时无需分色，也无需加网。

② 灰度图像：是指每个像素的信息由一个量化的灰度级来描述的图像。灰度等级划分越细，则越能准确地再现原稿信息。目前用得最为普遍的是 256 个灰度等级，即 8 位灰度等级，其中 0 代表全黑，255 代表全白。8 位灰度图像的每个像素，都含有 8 倍于 1 位图像的信息，所以 8 位图像的文件大小要比 1 位图像大 8 倍。

灰度图像在印刷复制时不需要分色，但必须加网。二值图和灰度图效果如图 2-5 所示。

图 2-5　二值图和灰度图

③ 彩色图像：是指每个像素的信息除有亮度信息外，还包含有颜色信息的图像。彩色图像的表示与所采用的颜色空间，即颜色的表达模型有关，如 RGB 模式或 CMYK 模式。

RGB 模式的图像信息是由 3 个彩色通道信息所组成：红通道信息、绿通道信息、蓝通道信息。每个通道，就像灰度图一样，采用 8 位来描述。所以 RGB 图像类似于 3 个重叠的灰度图图像，每个像素由 3 组 8 位信息来定义，所以 RGB 图像的文件大小要比灰度图像大 3 倍。

RGB 彩色图像，在印刷复制时必须进行分色和加网处理。

位图的输出质量取决于处理图像时设置的图像分辨率高低。图像分辨率是指所存储的图像文件的信息量，以图像每英寸内排列的像素数（ppi）表示。该参数对图像印刷复制质量起决定性作用，所以在印前设计时，要合理选取图像分辨率。该参数选取，要和印刷选定的加网线数相匹配，目前绝大多数图书封面、宣传册、海报、彩色包装等是以 175lpi 印在铜版纸上，则这些版式中的图像分辨率均不能低于 300ppi。

2.2 书籍版式设计

版式设计，是对版面编排样式的要求和规定，即在版面上将有限的视觉元素进行有机的排列组合，将理性思维个性化表现出来，是一种具有个人风格和艺术特色的视觉传达方式，它在传达信息的同时，也产生感官上的美感。版式设计的范围可涉及报纸、杂志、书籍、画册产品样本、挂历、招贴、插片封套等平面设计的各个领域。

书籍版式设计是指在一种既定的开本上，把书稿的结构层次、文字、图表等方面作艺术而又科学的处理，使书籍内部的各个组成部分的结构形式，既能与书籍的开本、装订、封面等外部形式协调，又能给读者提供阅读上的方便和视觉享受。

书籍版式设计除要考虑开本、材料、形式、字型、印刷形式等一系列因素以外、还要考虑如何使图书畅销。

2.2.1 开本设计

书籍开本设计

① 纸张开本及尺寸。开本是指一本书幅面的大小，是以整张纸裁开的张数作标准来表明书的幅面大小的，它是表示图书幅面大小的行业用语。

纸张生产部门按国家标准规定生产的平板纸张称作全开纸，把一张全开纸裁切或折叠成面积相等的若干小张，叫多少开数，装订成册，即为多少开本。各种开本规格，全国有统一标准，所以全国各地印制出来的图书，同一规格都是同样大小的。

如把一整张纸切成幅面相等的 2 页，称为 2 开或对开，若切成幅面相等 16 小页，叫 16 开，切成 32 小页叫 32 开，其余类推。

沿纸张长度方向开始裁切的 2 的几何级数开法，是普遍使用的基本开法，即直开法。若沿短边开切，是横开法。横开法使用很少，仅

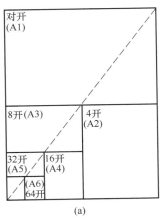
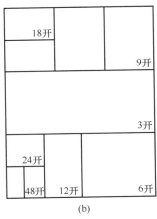

图 2-6　纸张裁切示意图
（a）直开法　（b）横开法

仅某些封面、插页和特殊印刷品用纸，采用此种开法。纸张直开法和横开法图示如图 2-6 所示，直开法各开本尺寸如表 2-5 所示。多种纸张开本尺寸详见书后附页 2：纸张开度规格。

表 2-5　　　　　　　　　780mm×1080mm 纸张开本及尺寸　　　　　　单位：mm

开本(二分法)	印刷纸张尺寸	开本(三分法)	印刷纸张尺寸
2 开	540×780	3 开	360×780
4 开	390×540	6 开	360×390
8 开	270×390	9 开	260×360
16 开	195×270	12 开	195×360
32 开	135×195	18 开	180×260
64 开	97.5×135	24 开	180×195
		48 开	97.5×180

② 书籍开本设计。书籍开本的设计，除考虑纸张因素外，还要根据书籍的不同性质、内容和原稿的篇幅及读者的对象来决定。

a. 开本类型

左开本和右开本　左开本是指书刊向左面翻开的方式，适用于西式装订类书籍。左开本书刊为横排版，即每一行字是横向排列的，阅读时文字从左往右看。

右开本是指书刊向右面翻开的方式，适用于我国传统的线装书籍。右开本书刊为竖排版，即每一行字是竖向排列的，阅读时文字从上至下、从右向左看。

纵开本和横开本　纵开本指书刊上下（天头至地脚）规格大于左右（订口至切口）规格的书籍开本形式，在书籍装订加工过程中，常将开本尺寸中大的数字写在前面，如 297mm×210mm，则说明该书刊为纵开本形式。

横开本与纵开本相反，是书刊上下规格小于左右规格的书籍开本形式，在书籍装订加工过程中，常将开本尺寸中小的数字写在前面，如 210mm×297mm，则说明该书刊为横开本形式。

b. 开本大小。我国最常用的书籍开本尺寸如表 2-6 所示。更多开本尺寸详见附页。

表 2-6　　　　　　　　　　　常用书籍开本幅面　　　　　　　　　单位：mm

开　本	书籍幅面(净尺寸)	全开纸张幅面	开　本	书籍幅面(净尺寸)	全开纸张幅面
16 开	185×260	787×1092	32 开	130×185	787×1092
大 16 开	210×285	889×1194	大 32 开	140×210	889×1194

书籍开本大小的选择，应根据以下几方面因素进行考虑：

根据图书性质种类　对于学术理论著作和经典著作、大型工具书等有文化价值的书，选择的开本要适中，常采用 32 开或者大 32 开，这种开本在案头翻阅时比较方便；对于诗歌、散文等抒情意味的书，则可以选择相对小一些的开本，这样会使书籍显得清新秀丽。常采用小型开本的图书有：儿童读物、小型工具书、连环画等。

根据图书容量　图文容量较大的图书，如科技类图书、大专院校教材，其容量大、图表多，一般采用 A4 或 16 开的大中型开本。对于篇幅少、图文容量较小的图书，如通俗读物、中小学教材等，多采用中小型开本。

根据图书用途　画册、图片、鉴赏类、藏本类图书多采用大中型开本；阅读类图书多采用中型开本；便携类图书如旅游手册、小字典等可随身携带的书籍多采用小型开本。

根据阅读对象　老年读物要考虑老年人视力较差的特点，书籍中文字要大些，开本也要大些；儿童读物则应较多采用小开本或者异形开本以适合儿童的特点，并能够充分调动儿童的阅读兴趣。

2.2.2　正文设计及版式

正文版面是一本书籍中最基本的单位，它是由空白部分和版心部分组成。图 2-7 所示的书籍版面结构示意图。

（1）版心　版心也称版口，指书籍翻开后页面上容纳图文信息的面积。版心的四周留有一定的空白，依次称为天头、地脚、切口和订口。书籍版面结构如图 2-7 所示。

（2）排式　排式是指正文的字序和行序的排列方式。我国传统的线装书籍大都采用直排方式。即字序自上而下，行序自右而左。现在出版的书籍，绝大多数采用横排。横排的字序自左而右，行序是自上而下。横排形式适宜于人类的眼睛的生理结构，便于阅读。

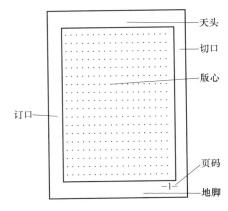

图 2-7　书籍版面结构示意图

（3）标题　书刊标题排版处理上比较单一朴素，文字上也没有过多的修饰。标题用字还要考虑与正文内容协调，常用的字体有宋体、楷体、黑体、仿宋体、隶书等。

标题字号要根据开本大小和标题级别进行选择，在分级排版时，字体、字号要合理划分，相互区别。

（4）正文　在同一书刊中，不论其格式和内容如何，正文必须统一字号、行长、行距等版面参数，以保持版心的基本一致。

书刊排版中，字体字号的使用比较单一，大多数采用五号字排正文。字体则选用整齐均匀、阅读省力的宋体字。

楷体字最接近手写体，所以小学教科书和儿童读物使用楷体字较多，这样有利于儿童阅读和学习书写。此外儿童读物字号应大一些，常选用四号或小四号。

杂志期刊用字比较灵活多样，一般用小五号字，内容较长的用六号字。遇到重要文章，则采用五号字。字体一般以宋体为主，也可用仿宋体、楷体、报宋体、细等线体等。期刊版面还比较重视不同文章间的变化及搭配，如一个版面上有多篇文章时，有时各篇文章使用不同的字体，这样使版面富于变化。

（5）页码　页码是用于计算书籍的页数，可以使整本书的前后次序不致混乱，是读者查检目录和作品布局所必不可少的。

页码位置一般排在版心的下脚，横排时单码在右、双码在左，对称排放，竖排时相反。页码与版心下边线一般空正文字高的 1 倍。

书刊页码一般取与正文相同或略小于正文的字号，而形式较多。

（6）书眉排版　页眉指设在书籍天头上比正文字略小的章节名或书名。页码往往排在页眉同一行的外侧，页眉下有时还加一条长直线，这条线被称为书眉线。页眉的文字可排在居中，也可排在两旁。通常放在版心的上面，也有放在地脚处。

2.2.3　书籍封面设计

（1）封面作用　封面设计是书籍装帧艺术的重要组成部分，它的作用除保护书以外，更重要的是表达书籍的内容和格调，使读者在阅读之前有所了解，具有一定的宣传作用，可以说它是这本书的小型广告。但书籍封面并不是一个独立的设计，它是书籍整体的一个不可分离的部分。

书籍的封面有精装和平装之分，平装书的封面是最先与读者直接接触的，故其设计不仅要保护书籍，传达信息，还要起一定的广告作用。

精装书的封面一般在外面还有护封，护封与平装书的封面作用大致相同。由护封保护的精装书封面也称"内封"，大都设计得简洁大方。

（2）封面组成　平装是目前书籍市场普遍采用的一种形式，它装订方法简易，成本低廉，便于携带，受到大众的普遍欢迎，常用于期刊和较薄但印数较大的书籍。

平装书的封面包括前封、后封和书脊。也有的平装书封面有勒口，相当于半精装，这主要是为了增加封面的厚度，更好的保护书籍，同时也可以给人精致高贵的感觉。

平装书封面的设计重点一般在前封和书脊上，因为书籍在橱窗里是平放或者是立着的，故这两个面的设计要重点考虑。

前封的设计一般有书名、作者名和出版社名，如果在书脊上有了作者名和出版社名，必要时在前封上也可只印书名。书脊上至少要印上书名和作者名，这是为了书籍在书架上容易识别的缘故。

后封相对于前封的设计相对简单，一般有条码、价格或与书内容相关的介绍。

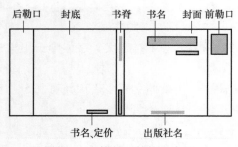

图 2-8　书籍封面结构示意图

在设计时，一定要注意后封与书脊、前封的一致性，不要破坏封面的完整性。对于有勒口的平装书封面，可以在勒口上印上该书的作者简介或简短的内容评论，也可以将前封的设计因素延伸到勒口上来。如延伸的线，相应的色块，或是简单的插图等，都能对勒口起分割面积和装饰的作用，同时，也可起到贯穿封面与内文的作用。书籍封面结构见图 2-8 所示。

（3）封面设计要素　封面设计依靠文字、图形、色彩的编排来体现设计的构思、立意，将不同形态的文字、图形、色彩与它们置在不同的位置，所产生出不同的感觉。

① 构图。构图是把构思中形成的形象在画面上组织起来，进行编排，即在一定的格

式内进行文字、图形的布局。

② 文字。封面上的文字是读者了解书籍内容的一把钥匙，一本书籍的封面，可以没有图形，但不能没有文字，文字既具有语言意义，同时又是抽象的图形符号，它是点、线、面设计的综合体。

封面上的文字主要指书名、作者名和出版社名。所以创意即从书名开始，书名文字本身的造型设计是书籍设计的重要环节。

封面设计中，有的是纯文字设计，没有图形，它需要考虑的是文字之间的配合，文字的合理编排，字体字号的正确选择。可根据构成的需要和书的风格把充满活力的封面字体视为点、线、面来排列组合（作者名——点、书名——面、出版社名——线），强调书名的醒目、清晰，有良好的可辨性和可读性。

③ 图片。图片是一种世界语言，它超越地域和国家，不分民族、不分国家，普遍为人所看懂。

封面上一切具有形象的都可称之为图片，包括摄影、绘画、图案等，分写实、抽象、写意、装饰等。图片是书籍封面设计的重要环节，它往往在画面中占很大面积，成为视觉中心，所以图片设计尤为重要。

④ 色彩。色彩的恰当运用是封面设计成败的关键，得体的色彩表现和艺术处理，能产生强烈的视觉冲击力。色彩的运用要考虑内容的需要，用不同色彩对比的效果来表达不同的内容和思想。

在书籍装帧设计中，色彩的运用主要依据读者对象的年龄层次及书籍主题内容两种情况来进行选择设计。

（4）封面材料选择　在材料的运用上，平装书一般采用纸材，有的也采用上光和裱透明膜等技术，以便于封面的牢固和清洁。具体使用应结合书籍的性质、内容、定价等多方面的因素。

2.3　报纸版面设计

报纸版面是报纸各种内容编排布局的整体表现形式，报纸版面设计应体现以下三方面功能：

① 导读：制造强力的视觉冲击力，吸引读者阅读和购买。

② 导向：显示报刊的立场和倾向性，及对新闻事件做出评价。

③ 标志：体现报刊个性和差异性，以区别于竞争对手。

2.3.1　报纸版面结构

（1）报纸版面结构（图 2-9）

（2）报纸版面尺寸　报纸版面尺寸通常用开张表示，开张即报纸面积的大小，通常以整张印刷纸裁开的若干等份的数目作为标准来标明报纸面积的大小。我国报纸目前主要有

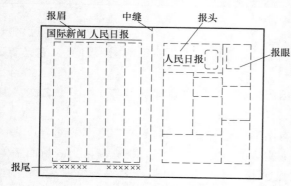

图 2-9　报纸版面结构示意图

两种版面规格：

对开：1/2 张印刷纸大小，每版尺寸约 39cm×55cm，称为大报，如《人民日报》；

四开：1/4 张印刷纸大小，每版尺寸约 27.5cm×39cm，称为小报，如《新民晚报》。

2.3.2　报纸版面设计

（1）版面基本要素

① 报头：报纸第一版刊登报名与其他内容的区域，多数在第一版左上角。

报名一般横排，除报名外，报头上还刊登出版单位、当日出版日期、当日出版版数、出版总期数、当日天气预报、刊号、邮发代号等。网络报纸还刊登网址，有的还标明报纸性质、隶属和报徽等，报头位置一般不能随意更改。

② 报眼：又称报耳，指横排报纸报头右边的版面。

报眼位置显著，一般刊登较重要而又短小的新闻，也可刊登当天本报的导读或广告。

③ 报线：版心的边线，分"天线"（又称"眉线"）、"地线"。

多数报纸版心上只有天线，只有最后一版既有天线又有地线。地线之下刊登报社的地址、邮编、电话号码、定价、广告许可证号、报纸开印时间、印完时间等。

④ 报眉：眉线上方所印的文字，包括报名、版次、出版日期、版面内容标志等。

报眉的作用是便于读者检索。由于第一版放置报头，因此所有报纸第一版都没有眉线和报眉。

⑤ 中缝：报纸相邻两版面连接部分。

中缝可空，也可刊登广告、知识性资料、转文等。一些大报为保持版面庄重大气，中缝都保持空白。

⑥ 通版：把报纸同一面上两个相邻的版取消中缝，打通编排而形成的版。

通版的面积包括这两个版和两版间的中缝，一般用于报道重大事件。

⑦ 头条：横排报纸左上方、竖排报纸右上方的位置，通常用来刊登最重要的稿件。

⑧ 分栏：栏是版面的基础单位，也是在版面上创造次序和强势的基本工具。

报纸的每个版面都划分为若干栏，横排报纸的栏自上而下垂直划分，每一栏的宽度相等。横排报纸通常有六栏、七栏、八栏，长稿多、庄重的报刊适宜六栏、七栏；短小新闻多、活泼的报刊适宜八栏。分栏原则要有利于读者阅读，有利于版面编排。

（2）元素设计

版面的编排设计，从技术上说，就是在版面空间安排正文、标题、图片、线条、色彩，这些印刷符号是构成现代报纸版面的基本成分，统称为版面元素。

① 正文。我国对开报纸正文一般用小五号字，四开报纸的正文用小五号或六号字，字体通常用报宋。标题字体字号要不同于正文，还需变换题型和位置。

② 图像。图像包括照片、绘画、图表、有美术装饰的题头、栏头、版头、报花等

图像比文字往往更具有强势作用。报纸上的新闻图片主要有两大类：主导图片、插图照片。

主导图片，它在新闻报道中担当主角，承担主要的叙事功能。插图照片一般配合新闻、通讯等文字报道的，在新闻报道中起着辅助作用。

③ 线条。线条是报纸中使用最多的一种装饰材料。线条有水线和花线之分，线条在版面中有很大的作用。

强势作用：重要的内容可以借助线条使其突出。

区分作用：在文章和文章间加线条可使文章更清楚地区分开来。

结合作用：几篇文章如果给它们围边、勾线，这几篇文章的关系就会显得更紧密，同时与其他文章更清楚地区分开来。

美化作用：版面适当运用线条，可以使整个版面增加变化，显得比较生动。花线和花边对于版面也具有一定的造型美。

④ 色彩。色彩的强势作用在彩色报纸时代最突出，色彩可为版面确定基本色调，塑造版面风格。

（3）版面布局设计

报纸版面布局设计时应考虑以下几个方面：

① 版面篇幅。通过阅读稿件，通盘考虑，安排好稿件组合版面的轮廓。在排版时就要计算每篇文章所占位置的大小，能否容纳所要排版的文章。如有疏密则在排版时注意调节，使整个版面和谐统一，疏密恰当。

② 图文协调。版面有文字、图像和线条构成，组版时要注意各类品种的搭配，特别是文与图、图与图间位置的配合，使读者阅读方便并感到版面丰富多彩。

③ 标题多样化。标题提纲挈领地揭示该文的主要内容。组版时就要注意字体、字号及其形式上灵活多样，不使标题单一乏味。

④ 版面空间协调。版面空间是指版面的空白部分。空白作为背景，能使文章或图片增加强势，从审美角度看，适当的空白能使版面显得开朗而不闭塞，清秀而不臃肿。

⑤ 空白主要留在标题、文和图的四周。文字内除了固定的行间外，在文字的四周留有适当的空白，但不能过多。在标题四周所占空白的大小，要依据正文所占的篇幅、位置，由选用的字体字号确定，其留空白的大小、位置应体现出该文的重要性。

2.4 海报招贴设计

2.4.1 海报特点

海报是一种信息传递艺术，是一种大众化的宣传工具。海报设计必须有相当的号召力与艺术感染力，要调动形象、色彩、构图、形式感等因素形成强烈的视觉效果；它的画面应有较强的视觉中心，应力求新颖、单纯，还必须具有独特的艺术风格和设计特点。海报设计应具备如下特点：

① 尺寸大：海报招贴张贴于公共场所，其画面尺寸有全开、对开、长三开及特大画面等。常见海报尺寸为 540mm×380mm。

② 远视强：以突出的大的商标、标志、标题、图形或对比强烈的色彩、或大面积的空白、或简练的视觉流程，使海报招贴成为视觉焦点。

③ 艺术性高：商业招贴的表现形式较为多样化，以具有艺术表现力的摄影、造型写实的绘画或漫画等表现形式为主，给消费者留下真实感人的画面和富有幽默情趣的感受。

2.4.2　海报种类

海报按其应用不同大致可以分为商业海报、文化海报、电影海报和公益海报等。

① 商业类海报。商业海报是指宣传商品或商业服务的商业广告性海报，在设计上多以产品作为主题，以传递产品信息以及品牌理念为主要目的，并能要恰当地配合产品的格调和受众对象。

② 文化类海报。文化海报是指各种社会文娱活动及各类展览的宣传海报。展览的种类很多，不同的展览都有它各自的特点，设计师需要了解展览和活动的内容才能运用恰当的方法表现其内容和风格。

③ 公益类海报。社会公益类海报是带有一定思想性和人文气息，具有特定的对公众的教育意义，其海报主题包括各种社会公益、道德的宣传，或政治思想的宣传，弘扬爱心奉献、共同进步的精神等。

④ 电影类海报。电影海报属于商业海报的范畴，但由于其风格独特且自成一派，主要是起到吸引观众注意、刺激电影票房收入的作用。电影海报一般以电影的名称、主要演员、场景、故事构架作为海报设计的主体元素，画面视觉效果突出，色彩丰富，在构图上多以竖构图为主。

2.4.3　海报设计要点

（1）注重海报展示环境　海报由于其展示环境的不同，在设计上也有所偏重。如店内海报通常应用于营业店面内，做店内装饰和宣传用途，其设计则需要考虑到店内的整体风格、色调及营业的内容，力求与环境相融。而招商海报通常以商业宣传为目的，采用引人注目的视觉效果达到宣传某种商品或服务的目的。所以在这类海报的设计上则应明确其商业主题，同时在文案的应用上要注意突出重点，不宜太花哨。展示海报常分布于街道、影剧院、展览会、商业闹区、车站、码头、公园等公共场所。

（2）海报版面要素

① 色彩。海报色彩风格选定首先取决于表现目标定位，只有符合大众审美需求的色彩风格，才能引起人们感情共鸣。其次，色彩风格与海报的内容要能够相互呼应，避免虽然美观但与海报内容相冲突的色彩风格，使内容与色彩有机的结合起来，更好地发挥色彩的内在力量。设计时可以使用具有视觉冲击力的色彩，但不能太杂，选用的色彩尽量能够突出字体效果。

② 文字。在海报文字设计中应体现有以下几个要点：

a. 海报文字设计要给人一种美感。文字作为画面的形象要素之一，具有传达感情的功能，因此，必须在视觉上给消费者以美感，一份有美感的海报设计能使人感到愉快，从而获得良好的心理反应，进而在海报上停留更长的时间。

b. 海报文字设计要富于创造性。海报设计要敢于创新，敢于出奇，根据作品主题的要求，突出文字设计的个性色彩，创造出与众不同的独具特色的字体，给人以别开生面的感受。设计时，要从字的形态特征与组合上进行想办法，使其外部形态和内在的含义相吻合，唤起人们对此的美好感受。

c. 海报文字设计要给人新鲜感。文字的主要功能是向阅读者传达作者的想法和各种信息，要达到这一目的，海报必须给人以清新的视觉印象。但在进行海报中的文字设计时要避免繁杂、零乱，要让人易记、易懂、易认，不能和整个作品的风格特征冲突。

d. 海报文字设计要有协调美、组合美。平面海报中如果文字排列组合的不得当，拥挤杂乱，缺乏视线流动的顺序，就会影响字体的美感，也不利于人们有效的阅读，这样就难以产生良好的视觉效果。文字要想取得良好的视觉排列效果，关键在于找出不同字体之间的内在联系，对其不同的对立因素进行和谐的组合，不但要保持各自的个性特征，还要有整体的协调感。对比可以

图 2-10　海报中的文字设计

从字体风格、大小、方向、明暗度等方面进行；同时，还要考虑到人们的阅读习惯，根据大众的阅读顺序，满足人们的阅读需求，最后达到海报的目的。海报文字效果如图 2-10 所示。

③ 图片。设计海报时对图片的选择可以说是成败的关键，图片在海报设计中的作用是简化信息，避免过于复杂的构图。

在海报图片选择应用时，应从以下几方面考虑：

a. 图片数量。对大多数广告作品而言，图片运用的多少，其传播效果绝对不同。一两幅质量高精的图片，形象鲜明突出，一针见血地突出主题，可以一当十；而超过两个图片之后产生的视觉冲击力相对减弱，画面气氛显得平淡。

b. 图片面积。图片面积大小选择取决于图片在版面中的重要性。大面积图片往往用来渲染气氛，可以产生较强的冲击力。尤其是室外大型的广告招贴，更需要形象生动的图片来抓住读者的视线，以达到瞬间传达信息的目的。

c. 图片创意。图片创意要体现海报的主题思想，并要有艺术构思，同时能考虑人们习惯和感情因素，使海报内容与广告形式达到完善统一，从而感染读者和引发共鸣。

2.5　包装盒型设计

　　包装是品牌理念、产品特性、消费心理的综合反映，它直接影响到消费者的购买欲。
商品包装形式多种多样，其中纸盒包装是应用最为广泛、结构变化最多的一种销售包
装容器。

2.5.1　包装盒型结构

　　包装盒型有多种多样，但常用的基本盒型结构主要有管式纸盒和盘式纸盒两种结构。
　　管式纸盒结构包装在日常包装形态中最为常见，大多数纸盒包装的食品、药品、日常
用品如牙膏、西药等都采用这种包装结构。管式纸盒结构及实样如图 2-11 所示。

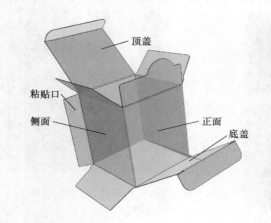

图 2-11　管式纸盒结构及实样图示

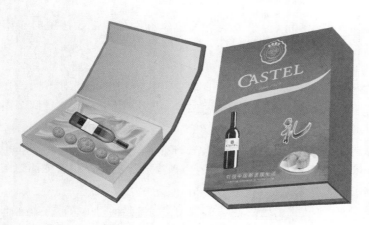

图 2-12　盘式纸盒实样图示

　　盘式纸盒结构一般高度较小，开启后商品的展示面较大，这种纸盒结构多用于包装纺织品、服装、鞋帽、食品、礼品、工艺品等商品。盘式纸盒实样如图 2-12 所示。

2.5.2　盒型设计原则

　　盒型设计时，除考虑材

料选用外,还应当考虑包装物品是多水分物品、湿性物品、液体物品还是固体物品,是高脂肪物品还是冷冻物品等。必须注意品质保护性、安全性、操作性、方便性、商品性和流通性事项。另外,还要考虑商品的用途、销售对象和方式、运输条件等。

① 方便性。纸容器结构设计必须便于生产,便于存储,便于陈列展销,便于携带,便于使用和便于运输。

② 保护性。保护性是纸容器结构设计的关键,根据不同产品的不同特点,设计应从内衬、排列、外形等结构分别考虑,特别是对于易破损和特殊外形产品。

③ 变化性。纸容器造型结构外形的更新、变化非常重要,它能给人以新颖感和美感,刺激消费者选购欲望。

④ 科学、合理性。科学性和合理性是设计中的基本原则。科学合理的纸容器,要求用料少而容量大,重量轻而抗力强,成本低而功能全。

⑤ 环保性。减少包装耗材,注重包装材料回收循环使用及包装材料具有可降解性。

2.5.3 盒型设计要素

盒型设计要素是指色彩、图案、文字、造型四大要素。

(1) 色彩 包装盒设计中色彩设计必须准确地传达商品的典型特征。产品在消费者的印象中都有相应的象征色、习惯色和形象色,这对包装盒设计中的色彩设计有重要的影响。

包装盒色彩设计还应顾及不同国家、地区、民族,以及不同文化程度、不同年龄的消费者对色彩产生的不同感受,尽可能多地了解色彩语言的地域和人群差别,避免色彩忌讳。

(2) 图案 图案在包装盒设计上是信息的主要载体,大致可以分为产品标志图案、产品形象图案、产品象征图案。

包装盒设计中产品标志图案是产品在销售中的身份,也是市场规范化的产物,对一些著名品牌的产品来说,产品标志是产品销售的重要因素。

产品形象图案是产品上出现的具体形象,包装盒设计不仅可以采用印刷图案,也可以在包装盒上采用透明或挖空的开窗设计方法,从而透出其中的产品实物。

产品象征图案有两种表现手法,一是用比喻、联想及象征等表现手法,突出产品的个性与功效;二是用装饰图案增强包装盒设计的形式感和装饰美感。

(3) 文字 包装设计有时可以没有图形,但是不可以没有文字,文字是传达包装设计必不可少的要素,许多好的包装设计都十分注意文字设计,甚至完全以文字变化来处理装潢画面。包装装潢的文字内容主要有以下几个方面:

形象文字包括品牌名称、产品品名,这些文字代表产品的形象,一般被安排在包装盒设计的主要展示面上,也是设计的重点,需要精心设计,字体要方便阅读和有独特性。

宣传文字是包装盒设计上的广告语或推销文字,是宣传产品特色的促销口号,内容一般较短,通常也设计在包装的主要展示面上。

说明文字是对产品做详细说明的文字,包括产品成分、用途、使用方法、容量、批号、规格、生产日期、厂家及地址等信息,它体现产品的细微信息,通常安排在包装的背面和侧面，使用一般印刷字体。

包装设计中的字体选择，一般要注意字体风格要体现出所包装内容的属性特点，字体应有良好的识别性、可读性，同一名称、同一内容的字体风格要一致。在包装设计中，对于出口商品的包装，或者外销有包装文字的设计，必然涉及外国文字的运用，这种文字的特点是以字母构词，字母应有大、小写之分。

包装文字除字体设计以外，还应注重文字的编排。编排处理不仅要注意字与字的关系，而且要注意行与行、段与段的关系。包装上的文字编排是在不同方向、位置、大小的面上进行整体考虑。因此，在形式上可以有比一般书籍和广告文字编排更为丰富的变化。

（4）造型　造型设计是指包装的立体造型。包装造型可以暗示产品的功能与用途，还可以暗示产品的内在价值与档次，即通过包装外部造型的气质和感觉来显示产品内在的品质及档次。

2.6　印刷版式解读

2.6.1　印刷版式

在印前设计时，设计人员需懂得印刷的一些常识，如产品的成品尺寸、制作尺寸及印刷纸张尺寸之间的相互关系。同时要充分考虑印刷品纸张、尺寸、工艺等多方面的因素，以免因设计问题对后期印刷和后加工造成更大的障碍。

一张完整的印刷上车版式，除版面内容外，还必须有其他的一些版面信息，如十字线、裁切线、色标等信息，这些信息将同版面内容一起印刷在纸张上。印刷上车版式如图2-13所示。印刷版式彩图见书后彩图10。

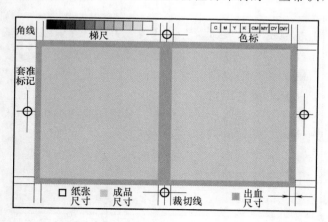

图2-13　印刷版式标记

2.6.2　版式信息解读

：该标志称为"十字线"或"套准线"，是彩色印刷中各色版的套准依据。

：该标志称为"角线"，主要起裁切标记的作用。每组角线有内角线和外角线，内角线是成品裁切线，外角线是出血线位置。外角线即出血线通常距内角线 3mm。设置出血线的目的，主要是为避免印刷完成后，裁切时出现裁切不准而露白边或不整齐的现象。许多印刷品的版面往往被图像或底色占满，印刷行业称之为"涨色"或"出血"，这些版面在制作时，必须留出一定的裁切余量，以防裁切后露白边。

色标：CMYK 四个色标分别表明该印版的颜色，印刷时，印刷人员根据印版上的色标，决定这块印版上何种油墨。在最终的印刷品上，CMYK 四个色版的色标正好排成一条线。其他几个间色色块可作为检查色误差的工具。

梯尺：每种油墨按不同的网点面积覆盖率排成的一系列色块，主要用来检查网点扩大情况。也可用来检查中性灰平衡情况。

习题

一、判断题

1. 文字号数制是将一定尺寸大小的字形按号排列，号数越高，字形也就越大。

2. 在计算机处理中，矢量图形不会因放大、缩小或旋转等操作而失真变形。

3. 数字图像质量取决于设备精度，与图像本身的像素多少无关。

4. 图像分辨率是指图像每英寸内排列的像素数，用 lpi 表示。

5. 位图图像的色彩表现能力高于矢量图。

6. 正文版面是一本书籍中最基本的单位，它主要是由版心部分和页码部分组成。

7. 平装书的封面包括前封和后封。

8. 《人民日报》为对开大报，占 1/2 张印刷纸大小。

9. 牙膏包装盒属于管式纸盒包装结构。

10. 内角线为成品裁切线，裁切后的印刷品尺寸为最终产品尺寸。

二、选择题（单项）

1. 点数制中的 1 磅约等于_____ mm。

A. 0.3   B. 0.35   C. 3   D. 3.5

2. 教材类书籍正文内容大部分使用_____。

A. 三号字   B. 四号字   C. 五号字   D. 六号字

3. 在计算机处理中，图形是指由外部轮廓线条构成的_____。

A. 点阵图   B. 位图   C. 矢量图   D. 像素图

4. 下列图片中，不属于位图的是_____。

A. Word 软件中绘制的图表   B. 拷屏图片   C. 扫描图片   D. 数码摄影照片

5. 书刊天头是指_____沿至成品边沿的空白区域。

A. 版心左边   B. 版心下边   C. 版心上边   D. 版心右边

6. 封皮的翻口处多留出 3cm 以上的空白纸边向里折叠的部分称_____，又叫折口。

A. 勒口   B. 飘口   C. 封口   D. 护页

7. 海报招贴张贴于公共场所，最常见的海报尺寸为_____。

A. 270cm×380cm   B. 270mm×380mm   C. 540cm×380cm   D. 540mm×380mm

8. 盒型包装设计时，以下设计元素中，不能缺少_____。

A. 底色　　　　B. 文字　　　　C. 图形　　　　D. 图像

9. 我国对开报纸正文，一般采用_____字排版。

A. 四号字　　　B. 五号字　　　C. 六号字　　　D. 小五号字

10. 一般印刷物设计时，通常都要预留出血_____，方便印刷、切版。

A. 3mm　　　　B. 3cm　　　　C. 1mm　　　　D. 1cm

三、问答题

1. 简要分析图形与图像的特点。

2. 书籍版式设计时，需要考虑哪些因素？

3. 请解释印刷纸张尺寸、出血尺寸及成品尺寸之间的相互关系。

能力项目

一、纸张开本认知

1. 目的：通过对纸张开本的认知，掌握不同规格书刊开本的计算及实际裁切法。

2. 要求：

（1）某公司需要制作 48 页尺寸为 180mm×195mm 的宣传册，应该选择大度纸还是正度纸进行裁切？该宣传册为多大开本？请画出裁切示意图。

（2）某公司需要制作尺寸为 236mm×394mm 的宣传单页，那么我们在不浪费纸张的情况下，应该选择什么规格的纸张？该宣传页为多大开本？请画出裁切示意图。

3. 思考：以上制作尺寸是最终的成品尺寸吗？

二、数字图像文件大小认知

1. 目的：通过实践，使学生理解数字图像的颜色信息、图像空间分辨率等参数和数字图像文件大小之间的关系。

2. 要求：

（1）在 Photoshop 软件中打开"图片收藏/示例图片/Sunset"图像；从"图像/模式"中，记录该图像的颜色模式和颜色位数（8 位）；打开"图像/图像大小"，记录该图像的分辨率及文件大小（像素大小）；

（2）在"图像大小"对话框中，选中重定图像像素、约束比例、缩放样式选项，并将图像分辨率调整为 48ppi，记录该图像的文件大小；

（3）将图像模式改为 CMYK 颜色模式，记录图像分辨率分别为 96、48 时的文件大小；

（4）将图像模式改为 Grayscale 颜色模式，记录图像分辨率分别为 96、48 的文件大小；

（5）在 Grayscale 颜色模式基础上，将图像模式改为 Bitmap 模式，在"位图"对话框中，设置输出分辨率为 96 ppi、方法使用"半调网屏"，半调网屏参数都为默认，确认后重新记录图像分辨率分别为 96、48 的文件大小；

（6）整理数据，并分析数字文件大小与图像颜色模式、图像分辨率之间的关系。

3. 思考：若分辨率不变，颜色位数改为 16 位，或图像尺寸缩小 1 倍，文件大小会有如何变化？

第3章
印前处理

我国印刷技术标准术语 GB/T 9851.1—2008 对印前的定义：印前（Prepress）是指印刷之前的各工序，包括图文输入、图文处理和图文输出。

印前处理具体过程为：印前制作人员将文字和图像等信息输入至计算机或工作站，制作人员按照设计版式要求，对文字、图形和图像等版面元素进行处理和编排，然后传送至数字工作流程，进行加网、拼大版等处理，最后发送至输出设备，如数码打样机、激光照排机、直接制版机等，供输出样张或胶片或印版，供后工序使用。印前处理流程如图 3-1 所示：

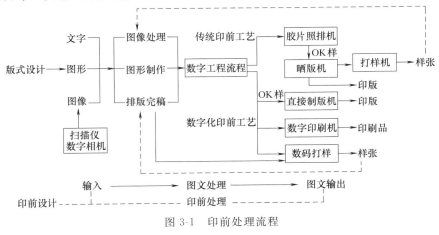

图 3-1　印前处理流程

3.1　图 文 输 入

图文输入是指将图像、文字等信息输入至电脑中，进行模数转换的过程，它是印前制作的第一步。

3.1.1　文字输入

文字输入就是将原稿上的文字由人工输入到计算机中，从而变为计算机可以处理的数据信息。在图文信息印刷传播中，文字信息传播所占的比率很大，如图书、杂志期刊、报纸和公文等。即使在图文并茂的印刷品中，文字处理也是不可忽视的学问，而文字处理的前提就是文字输入。

计算机文字输入方法有多种，如拼音输入法、区位输入法、五笔字型输入法、语音输入等。其中五笔字型输入法自 1986 年诞生以来，以"速度快、重码少"的特点，一直是专业汉字录入人员首选的汉字输入法。

（1）五笔字形输入法特点　五笔字型是根据汉字字形进行编码的一种汉字输入方法，1983 年由王永民教授研制，所以也叫王码。这种汉字输入法的特点是重码少、速度快、通用性强、字词兼容。

五笔字形将汉字分解为五种基本笔画和三种字型，规定以 130 个字根为基本单位编码，而 5 种基本笔划在输入过程中起辅助作用。文字经过五笔字形编码法编码后，可以用通用的 101 计算机小键盘输入。

基本笔画：指在书写汉字过程中连续不间断写成的一个线段。汉字基本笔划分为横、竖、撇、捺、折五种，同时将这五种笔画按组成汉字时使用频率的高低分别排列在不同的键位上，具体如表 3-1 所示。

表 3-1　　　　　　　　　　汉字的五种笔画和键位

笔画名称	代表键位	所在区号	笔画名称	代表键位	所在区号
横	G	1（G～A）	捺	Y	4（Y～P）
竖	H	2（H～M）	折	N	5（N～X）
撇	T	3（T～Q）			

字根：由若干笔画交叉连接而形成的相对不变的结构叫做字根。五笔字形输入法中，共选取了 130 个基本字根。这些字根安排在 A～Y25 个键上。字根在键位上排列方法是"首笔笔画代码与区号一致"，"次笔笔画代码尽量与位号一致"。五笔字型汉字编码方案字根总表见书后附页。

汉字的字型：汉字的字型根据各字根之间的位置关系可分为三种类型：即左右型、上下型、杂合型。见表 3-2。

表 3-2　　　　　　　　　　汉字字型结构

字形	字　例	字形	字　例
左　右	汉　湘　结　知	杂　合	困　凶　司　应
上　下	字　莫　花　华		

（2）五笔字型输入法

① 简码字：简码键＋空格键。五笔输入中，码长一律为四位。为了加快录入速度，减少击键次数，把一些常用字定义成简码。简码分为一级简码、二级简码、三级简码。一级简码共 25 个，分布在 25 个键位上，输入时只需击一下相应键加一空格键（表 3-3）；二级简码共 589 个，输入时，击汉字的前两个字根加一个空格键即可；三级简码由汉字的前三个字根码组成，击入三个字根码后再加击一空格键即可。

② 字根汉字：键名汉字和成字字根。

a. 键名汉字有 25 个，每个键位一个，用黑体字标注在左上角，其输入方法为连击四下所在键，如"金"连击四下 q 键。

表 3-3 简码表

汉字	简码	汉字	简码	汉字	简码	汉字	简码	汉字	简码
一	G	地	F	在	D	要	S	工	A
上	H	是	J	中	K	国	L	同	M
和	T	的	R	有	E	人	W	我	Q
主	Y	产	U	不	I	为	O	这	P
民	N	了	B	发	V	以	C	经	X

b. 成字字根有 105 个，分布在 25 个键位上，其输入方法为击字根所在键一下，再击该字根的第一、二和末笔编码。

③ 合体字。输入有两种方式：至少由四个以上字根组成的汉字依照书写顺序依次输入一、二、三、末字根，由不足四个字根组成的汉字按书写顺序输入字根，后加末笔字形识别码。

末笔字形识别码，是以末笔画所在的区及该字型结构来确定末笔的键位。字型为左右型，则末笔画为所在区的 1 位键；字型为上下型，则末笔画为所在区的 2 位键；字型为杂合型，则末笔画为所在区的 3 位键，如果加了末笔字形识别码依然不足四键，再补击空格键。具体方法参见表 3-4、表 3-5 所示。

表 3-4 末笔画识别表

末笔画	左右	上下	杂合
横（1区）	G 键	F 键	D 键
竖（2区）	H 键	J 键	K 键
撇（3区）	T 键	R 键	E 键
捺（4区）	Y 键	U 键	I 键
折（5区）	N 键	B 键	V 键

表 3-5 末笔画键位举例

汉字	字形	末笔画区	末笔键	编码
汉	左右	4 区（Y～P）	Y	ICY
宋	上下	4 区（Y～P）	U	PSU
困	杂合	4 区（Y～P）	I	LSI
仁	左右	1 区（G～A）	G	WFG
冒	上下	1 区（G～A）	F	JHF
应	杂合	1 区（G～A）	D	YID

④ 词组

a. 二字词组。二字词组各取每字前两个字根为编码。如激光（IRIQ）、排版（RDTH）、数学（OVIP）。

b. 三字词组。三字词组前两汉字各取第一码，最后一字取前两码。如计算机（YTSM）、照相机（JSSM）。

c. 四字词组。四字词组由每个汉字的第一码组成词语的输入码。如锦上添花（QHIA）、轻描淡写（LRIP）。

d. 多字词组。超过四个字的词组，由一二三和末个字的第一字根构成的。如中华人民共和国（KWWL）、中国共产党（KLAI）。

随着科学技术的迅速发展，计算机的输入手段也从以前单一的键盘方式，发展为多种输入方式。除了键盘之外，比较有代表性的新输入装置有手写触摸屏、语音输入器等。这两种汉字输入方式完全不同于键盘方式，它们是以 OCR 模式识别为关键技术的计算机输入设备，开启了面向汉字应用的模式输入阶段。但是，就输入速度而言，五笔输入仍具有其他输入法无可比拟的优势，五笔输入仍然是当今专业文字输入人员的首选。

3.1.2　图像输入

在印刷复制中，目前获取数字图像的方法主要有二种：扫描与数码拍摄。

（1）扫描　扫描是指通过扫描仪将模拟原稿输入至计算机的过程。

① 扫描仪。扫描仪是以扫描方式将图形或图像或文字信息转换为数字信号的数字化设备，属计算机外设设备。它的作用就是将图片、照片、胶片以及文稿资料等书面材料或实物的外观扫描后输入到计算机中，成为可以在计算机上显示、编辑、存储和输出的数字文件。

扫描仪的分类方法有多种，详见下表 3-6。

表 3-6　　　　　　　　　　　　　　　扫描仪种类

设备外形	扫描幅面	扫描介质	用途	光电转换元件
平台式	小幅	反射型	普及型	光电耦合元件（CCD）
滚筒式	中幅	透射型	专业型	光电倍增管（PMT）
手持式	大幅	透反两用型	特殊用途型	接触式图像传感器 CIS（或 LIDE）

现根据扫描仪的不同用途，来说明扫描仪的工作原理及特性。

a. 普及型。普及型扫描仪以平台式扫描仪为主，这类扫描仪以 CCD（Charge-Coupled Device）作为光电转换器件。工作时光源照射到原稿上，由原稿反射或透射的光线进入 CCD 阵列，CCD 接收光采样点，将每个采样点的光信号转换成随光强度的大小而变化的一系列电信号。最后由控制扫描仪操作的软件读取这些信号所产生的数据，并将它们组合成数字图像文件。

普及型扫描仪是家庭及办公领域使用的主要机型，它具有结构简单，体积小，重量轻，操作方便，价格相对低廉等特点，但这种扫描仪的扫描精度往往较低，扫描精度低、放大倍率、扫描幅面也较小，一般只能扫描 A4 幅面的原稿。普及型扫描仪及结构简图如 3-2、图 3-3 所示。

图 3-2　平台式扫描仪

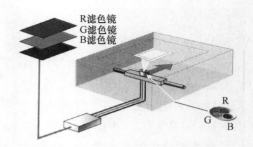

图 3-3　平台式扫描仪结构简图

b. 专业型。专业型扫描仪有平台扫描仪与滚筒扫描仪之分。

滚筒扫描仪。滚筒扫描仪采用光电倍增管技术，简称 PMT（Photo Multiplier）扫描技术。滚筒扫描仪扫描时，原稿要贴在滚筒上，原稿随滚筒转动，每转一周扫描一行，滚筒转动的同时扫描头沿轴向均匀移动，因此实际上是沿螺旋线进行扫描。

滚筒扫描仪因为具有扫描精度高，对图像暗调层次再现好，扫描幅面较大等特点，曾被广泛应用于高精度的图像复制行业，特别是印前图像输入。但由于滚筒扫描仪操作不方便，扫描速度慢，价格偏高等原因，近几年已逐渐退出高精度图像复制市场。滚筒扫描仪及扫描原理图如图 3-4、图 3-5 所示。

图 3-4　滚筒扫描仪

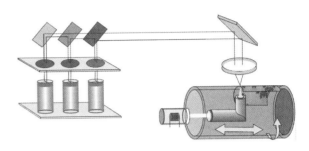

图 3-5　滚筒扫描仪原理图

平台式扫描仪

这类扫描仪的工作原理与前面所述的普及型平台扫描仪类似，但扫描精度要高得多，扫描幅面、体积等都大，放大倍率高，功能也多，结构也相对复杂。通常都能扫描反射原稿和透射原稿，有些扫描仪的扫描头能沿 XY 方向移动，这样就能保证原稿放置在原稿台的任何位置都能以最高分辨率进行扫描。

根据透射光源位置及透射原稿放置位置的不同，这类扫描仪又有两种形式，一种是透射光源在扫描仪顶盖中，原稿放置在原稿平台上，如图 3-6 所示。另一种是透射和反射共用一组光源，光源被安装在机箱中，透射原稿放置在机箱中的透射稿架上，如图 3-7 所示。

图 3-6　专业平台扫描仪

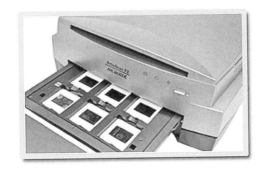

图 3-7　透射原稿上稿架

大幅面高精度扫描仪。大幅面高精度扫描仪是集扫描技术和数码摄影为一体的高精度平台扫描设备，专用于书画高仿复制的图像采集，及木纹、皮纹、大理石纹理等细微的信息采集；以及博物馆、档案馆、图书馆、美术馆等文物馆藏的数据化信息采集。不同类型大幅面高精度扫描仪如图 3-8 所示。

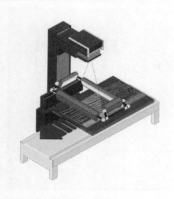

图 3-8　大幅面高精度扫描仪

根据扫描头工作方式，这类高精度平台式扫描仪可分为扫描头固定式和移动式两大类。

扫描头固定式扫描仪（图 3-9）工作原理是：扫描头部分（包括 CCD 及相关组件）和光源部分，在扫描过程中固定，而原稿随扫描平台作横向移动。这种扫描是目前最稳定的扫描方式，它有效地避免了扫描过程中，因扫描头和光源轻微震动而造成扫描质量不稳定的现象。但这种扫描头部分和光源部分固定扫描方式在设备设计及制造环节难度非常高。

扫描头移动式（图 3-10）工作原理是：安放原稿的扫描平台在扫描过程中固定，而扫描头部分（包括 CCD 及相关组件）和光源部分作横向移动。

图 3-9　扫描头固定式扫描仪

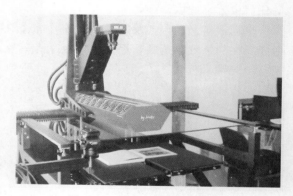

图 3-10　扫描头移动式扫描仪

c. 特殊用途型扫描仪。特殊用途型扫描仪是指具有专项功能的扫描仪，如三维扫描仪、条码扫描仪、名片扫描仪、手持式扫描仪等。各种特殊用途扫描仪如图 3-11、图 3-12 所示。

三维扫描仪（3D Scanner）（图 3-13）是一种记录物体三维信息的图像输入设备，主要用来侦测并分析现实世界中物体或环境的形状（几何构造）与外观数据（如颜色、表面反照率等性质）。搜集到的数据常被用来进行三维重建计算，在虚拟世界中创建实际物体数字模型。这些模型具有相当广泛的用途，如工业设计、瑕疵检测、逆向工程、机器人导引、地貌测量、医学信息、生物信息、刑事鉴定、数字文物典藏、电影制片、游戏创作素材等都可见其应用。

图 3-11 条码扫描仪

图 3-12 手持式扫描仪

图 3-13 三维扫描仪

② 扫描参数设置。在对原稿扫描输入时，先要进行扫描参数设置，最基本的扫描参数是：扫描色彩类型、分辨率及扫描尺寸（缩放倍率）。色彩类型通常选择RGB，扫描尺寸根据设计需要设定，而分辨率是影响扫描质量的关键因素。扫描设置对话框如图 3-14 所示。

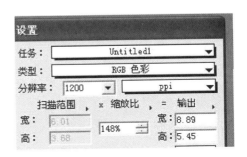

图 3-14 扫描基本参数设置对话框

图像分辨率是指每英寸采样的点数，用 ppi 表示。ppi 和网目线数 lpi 有以下的关系：

$$ppi（扫描图像分辨率）＝网目线数 lpi×缩放倍率×系数$$

系数一般为 1.5 或 2。随着放大倍率的增加，要求的分辨率随之增大。高分辨率的图像比相同尺寸的低分辨率的图像包含的像素多，表现细节更清楚。扫描分辨率设定取决于图像用途、输出设备精度等因素，如一幅图像用于屏幕显示，72ppi 分辨率即可满足要求；但要用于印刷复制，则需要 300ppi 分辨率方可满足加网线数为 150 线的印刷复制要求。

（2）数码拍摄。数码拍摄是指利用数码照相机，获取图像的方法。

① 数码照相机。数码照相机简称数码相机，它是利用图像传感器把光学影像转换成

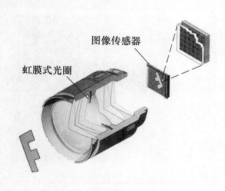

数字影像的光学成像设备。其工作原理是：从照相镜头获取的光信号，传送至图像传感器，由传感器将接收到的光（图像）信号转变为模拟电信号，再通过模数转换器转换成数字信号，该数字信号经压缩处理后由相机内部的闪速存储器或内置硬盘卡保存。其成像过程如图 3-15 所示。

图 3-15　数码照相成像过程

图像传感器的性能是决定数码相机品质的重要因素，目前数码相机使用的图像传感器主要有电荷耦合元件 CCD（Charge Coupled Device）和互补金属氧化物半导体 CMOS 两种类型。

数码相机按结构配置分为：单反型、轻便型和后背型。

a. 单反型。单反型相机，全称是单镜头反光照相机，它是指使用单镜头并通过此镜头反光取景的相机（图 3-16）。

"单镜头"是指摄影曝光光路和取景光路共用一个镜头，"反光"是指相机内一块平面反光镜将两个光路分开：取景时反光镜落下，将镜头的光线反射到五棱镜，再到取景窗；拍摄时反光镜快速抬起，光线可以照射到感光元件 CCD 或 CMOS 上。单反相机原理如图 3-17 所示。

单反相机的特点是取景范围和实际拍摄范围基本一致，另一特点是可以更换镜头。

单反相机像素一般在 1200 万～1800 万，超高端单反相机，像素甚至能达到 6000 万。

目前单反相机主要应用于广告、商业、新闻摄影等领域，相对低端的单反相机也已进入寻常百姓家庭。

图 3-16　单反相机

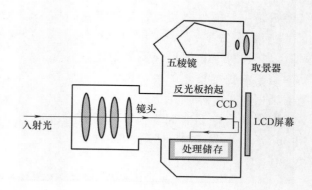

图 3-17　单反相机原理图

b. 轻便型。轻便型数码相机主要是指消费级相机，该类相机结构紧凑，体积小，携带方便，价格低，但像素不高，适用于家庭、多媒体、保安和制证等方面。通常所说的卡片机、微单等均属于这类相机。如图 3-18，图 3-19 所示。

卡片相机在业内没有明确的概念，仅指那些外形小、机身轻而薄、设计时尚的便携式相机。

图 3-18 卡片相机

图 3-19 微单相机

"微单"是索尼在中国注册的名称，意思为微型单镜无反电子取景相机。微单相机是介于单反相机和卡片机之间的跨界产品，具有便携性、专业性与时尚性相结合的特点。微单相机在结构上没有反光镜和棱镜，采用与单反相机相同规格的传感器。因此，成像画质与单反相近，但机身却要比单反相机小。

c. 后背型。数码后背又称数码机背，由图像传感器和数字处理系统等部分组成，与普通数码相机相比，数码后背相机最大的不同在于没有镜头及快门等结构，只有加附于其他传统相机机身上才能拍摄使用的装置。

数码后背主要附加在中画幅相机或大画幅相机上使用，使原本使用胶片的相机也可以进行数字化拍摄。在机身上装卸也极为方便，可随时进行数码照相与传统照相方式的转换。后背型数码相机的最大特点是CCD面积大，像素超高，有的大画幅相机像素高达4亿多。

根据数码后背CCD工作方式，后背型数码相机可分为一次曝光型和线性扫描型两种类型。

一次曝光型：采用一次曝光即完成对被摄体的拍摄，这类数码后背采用面阵型CCD，适合静态与动体对象的拍摄，是目前使用最多的数码后背，主要用于要求苛刻的商业摄影、广告、摄影领域。一次曝光型数码后背如图3-20。

线性扫描型：线性扫描型数码后背采用线型CCD，通过每次扫描曝光对被摄体进行图像采集，只适合拍摄静态对象，能获得超高分辨率的数码影像。

扫描型数码后背，若和其他部件集成，可变成移动式扫描系统，可满足某些领域对图像采集的"个性"化、特殊化的要求。扫描型数码后背如图3-21。

图 3-20 一次曝光型数码后背

图 3-21 线性扫描型数码后背

扫描型数码后背主要应用于图书馆和档案馆平面艺术品数字存档，画家创作的大型画稿、珍贵的壁画、唐卡等的现场数字图像采集等。用途案例如图 3-22、图 3-23 所示。

图 3-22　移动式扫描系统应用（馆藏数字化）

图 3-23　移动式扫描系统应用（文物数字化）

② 印刷复制对数字原稿质量要求。在相机档次、镜头质量等条件相同的情况下，影响数码相机拍摄质量的最主要因素是图像分辨率。

数码相机分辨率是指在单位长度内含有多少像素，用 ppi（像素/英寸）表示，用于衡量数码相机拍摄记录景物细节的能力。数码相机分辨率的高低，取决于相机传感器面积大小。面积越大，包含像素就越多，图像分辨率也就越高。

图像分辨率的设置，取决于所摄图像的用途。如果图像是用于印刷复制或高品质大幅面打印，则拍摄时需要高分辨率设置。

例如：若所摄图像需印刷复制，承印物是铜版纸，加网线数为 150 线，图像分辨率为 300ppi。若需要复制成 21cm×29.7cm（16K 大度）大小的图像，即 8.27in×11.70in，则需要拍摄的图像像素数约为 870 万（2481×3510），该图像文件大小约为 25M。

文件大小计算公式如下：

图像文件大小（M）=【（图像水平像素数×图像垂直像素数）×（色彩位数/8）】/ 1024/1024

公式中的色彩位数又称彩色深度，是数码相机的重要指标之一，它是数码相机对每一种颜色所能识别的层次数。色彩位数的值越高，捕获的色彩就越丰富，就越能真实地还原所拍景物亮部及暗部的细节。

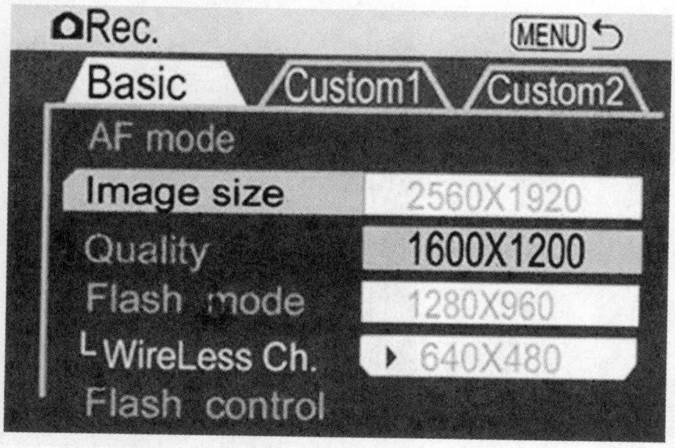

除分辨率因素外，还要注意所拍图像的存储格式。对用于印刷复制的数字图像，要保证使用最低的压缩率，在图像存储时应该尽量采用无压缩的 TIFF 文件格式。

图 3-24 为某品牌相机图像尺寸设置框示。

图 3-24　图像尺寸设置

3.2 图文处理

图文处理是印前图文信息处理的中间环节，具体任务是将图文信息按印前版式设计及印刷复制要求，完成图像调整、创意和分色、图形处理、图文排版和完稿等工作。

图文制作是由印前制作系统来完成其相应工作的，而印前制作系统则是由硬件和软件两大部分组成，它们是印前处理系统的核心。印前处理系统如图 3-25 所示。

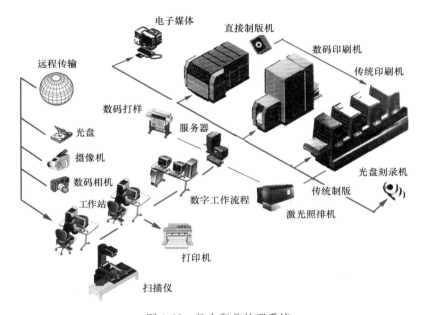

图 3-25 整个印前处理系统

3.2.1 硬件系统

印前图文处理系统主要是高性能的图文工作站、Mac 机、PC 机和服务器等组成，在考虑系统组成时，应考虑系统的处理速度，处理容量、网络环境、中文环境等几个问题。

（1）处理速度 图像处理时要求对图像中的点进行逐点处理，数据量很大，对系统不仅要求运算速度快，而且要求显示能力、更新速度快，所以处理系统应使用较高档次的计算机或工作站。

（2）处理容量 图像进行处理时，通常需要存储大量电子数据，因此，图像处理系统对存储器容量的要求，远远高于其他应用系统。且在图像处理过程中，对输入分辨率和输出分辨率的要求很高，因此要求工作站处理数据的容量要足够大，同时还要求存贮有大量现成的图库和字库。

（3）系统网络 彩色图像处理的对象是占用存储空间很大的点阵图像，而且经常需要几台计算机或几个部门来协同工作，以完成不同的任务。另外，图像数据也需要在系统内部的各台计算机上来回传递。因此，需要选配合理而快速的系统网络和网络服务器、文件服务器来支持。

3.2.2　应用软件

印前系统仅有硬件还无法进行工作，只有配置相应的软件才能完成图像、图形、文字等的印前处理工作。用于印前处理系统的主要软件有：

（1）图像处理软件　在印刷行业，应用最广的图像处理软件是美国 Adobe 公司的 Adobe Photoshop 软件，该软件的主要作用是对扫描输入或数码拍摄的数字图像进行分色、编辑、加工、创意设计等处理。

由于图像处理软件处理的对象是通过拍摄或扫描得到的点阵图像，因此这类软件都需要很大的内存，对计算机的性能要求很高。

（2）图形制作软件　图形制作软件是矢量类软件，其主要作用是以点、直线或曲线绘制图形，利用颜色变化来渲染效果。并具有对文字以及各种图表的设计制作和编辑等功能。

最常用的图形绘图软件有 Adobe Illustrator 和加拿大 Corel 公司的 CorelDraw。另外还有一些包装盒型设计类软件，如美国 Esko-Graphics 公司的 ArtiosCAD、PackEdge 等，我国北大方正的 ePack 均属于图形制作软件。

（3）排版软件　排版软件的主要作用是把图像、图形和文字、底色、色块等组合在一起，形成最终的印刷版面。Adobe InDesign 和北大方正的飞翔、方正书版等，都是广告公司、报业、出版社等最为常用的专业组版软件，它们可以精确地设置文字和段落属性，及定位版面中的任何元素，可以制作复杂的表格及图文混排处理，还可以进行简单的图像处理及绘制简单的图形。

（4）预检软件　预检软件的主要作用是对最终输出前的电子文件进行检查，以确认文件中的内容符合印刷标准。

目前行业中使用最广的预检软件是 Adobe Acrobat Professiona，该软件除预检功能外，还能对文件作简单的修改和编辑。另外 Adobe Acrobat 软件还是 PDF 文档制作、编辑软件，可以直接将 txt、html、doc、ppt 等多种格式文件转换为 PDF 文件。

3.2.3　文件格式

印前处理系统中有图像处理软件、图形制作软件、排版软件等多种应用软件，每种软件都有自己识别的专用文件格式，也有各种软件都能识别的文件格式。在印前应用软件的文件格式中，使用最多的格式有 PDF、TIFF、EPS、JPEG 等文件格式。

（1）PDF 格式　便携文档格式（PDF），由 Adobe 公司为电子文件的多目标输出而开发的格式，已成为全世界各种标准组织用来进行更加安全可靠的电子文档分发和交换的出版规范。

Adobe PDF 已在多个领域，特别是在电子出版、数字印刷等行业广为使用。基于

PDF 的数字化工作流程技术在传统出版印刷领域也已普遍应用。

（2）TIFF 格式　TIFF 格式是最通用的点阵图像存储格式，几乎所有的图像编辑、绘图、组版软件都支持该文件格式。TIFF 格式采用无损压缩方式，不影响图像质量，在 Windows 和 Macintosh 系统中都能打开 TIFF 格式图像。

（3）EPS 格式　EPS 格式不仅可以包含图像信息，也可记录文字和图形信息，是一种混合格式，具有同时保存向量图形和点阵图像信息的功能。

（4）JPEG 格式　JPEG 是常见的一种图像格式，它由联合照片专家组（Joint Photographic Experts Group）开发并命名，是一种压缩文件格式。JPEG 压缩技术十分先进，它用有损压缩方式去除冗余的图像和彩色数据。JPEG 压缩后，图像数据相对其他文件格式要小得多，这样就能在有限的存储空间内存更多的图像。

JPEG 的有损压缩方式容易造成图像数据的丢失，所以在存储时可以根据需要选择压缩率，以控制 JPEG 在压缩时的信息损失量。若使用过高的压缩率，会造成图像质量明显降低。

JPEG 格式是目前网络上最流行的图像格式，但如果要用于印刷图像，则需考虑存贮过程中图像信息损失的情况，通常该格式不作为印前处理图像的存储格式。

3.3　图 文 输 出

预检合格的 PDF 文件，传送至控制输出系统的服务器中，经数字工作流程的解释和处理系统，就可发送至相应的输出端口，或数码打样或胶片输出或直接制版或数字印刷。

3.3.1　数字工作流程

我国《GB/T 9851.1—2008 印刷技术标准术语》对数字工作流程的定义：数字工作流程（Digital Workflow）是建立在数字信息处理和传输基础上，对印前、印刷、印后等工艺和相关过程进行管理和控制的系统。数字工作流程见图 3-26 所示。

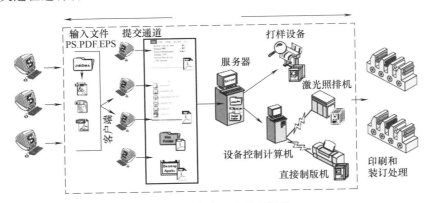

图 3-26　数字工作流程图示

（1）数字工作流程的作用　数字化工作流程的主要作用就是将扫描输入、图文处理、打样、制版到印刷、印后等各个环节之间的控制和管理信息数字化，通过计算机来控制这些数据，从而消除其中许多人为因素的影响，达到生产与管理的有机结合，使印刷生产更加顺畅、高效、优质。同时数字工作流程，还可以对整个印前、印刷，乃至印后各工序情况进行管理监控，通过数据库技术与管理系统（MIS 或 ERP）实现信息共享。

对于印前输出系统而言，通过数字工作流程可以对色彩管理、RIP、数码打样、激光胶片输出、计算机直接制版、拼大版等各个功能模块进行有效管理，并对输出设备进行统一调配。整个过程做到准确可靠、输出过程高度集成，最大限度地减少不必要的浪费，最终实现提高输出效率的目的。

（2）数字工作流程的组成　数字化工作流程由"图文信息流"和"控制信息流"两部分组成。"图文信息流"是指要处理的对象，是需经印刷传播给公众的信息，如由客户提供的待印刷复制的文字、图形和图像等。"控制信息流"是指处理信息的方式方法，是正确生产加工印刷产品所必需的控制信息，例如印刷成品规格信息（版式、尺寸、加工方式）、印刷加工所需要的质量控制信息（油墨控制数据、印后加工控制数据）、印刷设备安排信息等。

（3）数字工作流程的分类　我国目前推广应用的数字化工作流程主要有三种方式，一是短距离印前数字化工作流程；二是长距离的全数字化工作流程；三是混合型数字工作流程。

① 短距离的印前数字化工作流程。短距离的印前数字化工作流程以计算机直接制版 CTP（Computer-to-Plate）为基础，涵盖从扫描输入、文件处理、数码打样、直接制版到上机印刷等各个环节之间数据的处理及交换的过程。它主要包括以下一些处理过程：预检、RIP、色彩管理、数码打样、拼大版、陷印、输出控制等。

② 长距离数字化工作流程。长距离的数字化工作流程即以 CIP3 为基础的全数字化工作流程，使高精度彩色数字图像的采集、处理、图文组合、数字打样、输出胶片或直接制版、数据传输、印刷和印后的各个环节紧密结合在一起，实现作业自动化和集成化。CIP3 的整个工作流程实现了印前（Prepress）、印刷（Press）、印后（PostPress）的数字化和一体化。CIP3 全数字化工作流程的工作效率高，产品质量好，标志着印刷业真正进入数字化时代。

以上两种数字化工作流程，都是从接受了客户提供的印刷文件后，顺序进行印前、传统印刷一直到印后加工，完成整个作业的加工生产。随着印刷工业数字化程度的提高，一种混合型数字化工作流程又开始应运而生，正逐步进入实用阶段。

③ 混合型数字化工作流程。混合型数字化工作流程，将流程向前延伸到了印刷买家，通过"网络印刷"概念将许多印刷买家的工作集成到数字化工作流程之中，客户可以通过网络对作业进行编辑加工，生成 PDF 文件；并同时将活件的生产信息，如印刷量、纸张、油墨、客户信息、交货时间等所有的信息，一并提交给印刷厂。混合型数字工作流程如图 3-27 所示。

随着数字印刷迅猛的发展，混合型数字化工作流程适时地又将对数码印刷设备的控制集成进来，如此一来，由印前环节处理完成的作业，就可以根据客户的需求有不同的去向。如客户要求的是小批量的、包含可变数据或需要打样的作业，则将作业发送到数码印刷设备；如客户要求的是大批量的生产，则系统自动将作业发送给 CTP 制版，并由传统胶印设备完成印刷生产。

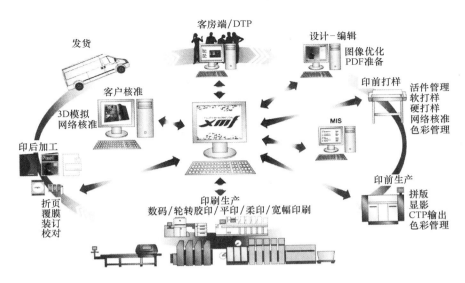

图 3-27　混合型数字工作流程

（4）RIP　RIP 是光栅图像处理器或软件（Raster Image Processor）的简称，它是数字工作流程输出环节中必不可少的处理设备或软件，所有的输出设备如直接制版机或激光照排机等，都需要 RIP 来驱动。RIP 的性能，关系到输出的质量和速度，甚至整个流程的运行环境，它是整个输出系统的核心。

RIP 的主要功能是接受从计算机传送的数据，将其"翻译"成输出设备所需要的光栅数据信息以备输出。输出设备接收到 RIP 解释后的点阵信息，就通过相应的光学成像器件，将完整的页面信息记录在相对应的成像介质上，使之转换成页面实体。

RIP 的具体作用为：①解释页面描述文件，生成页面点阵信息；②快速生成高精度汉字；③图像加网处理。

某数字工作流程 RIP 的加网参数对话框如图 3-28 所示。

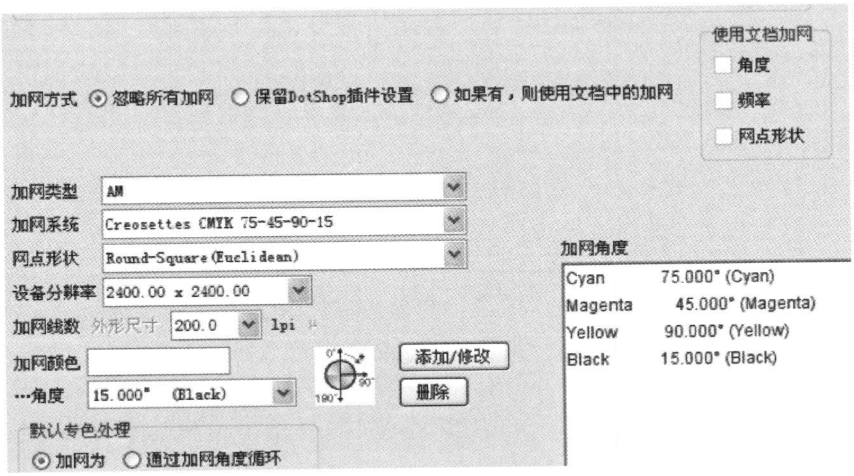

图 3-28　加网参数对话框

3.3.2　数码打样

从数字工作流程图中可知，流程中的文件经 RIP 处理后，可以面向多个目标进行输出，如打样、出胶片、制作印版等，在这里我们仅讨论数码打样。

（1）打样作用　打样就是在正式印刷之前，通过一定的方法获得彩色校准用的样张的过程，它是印刷工艺过程中用于检验印前制作质量的一个必要工序，在印刷生产与管理中起着重要的作用。

具体作用有以下几方面：

① 检查前工序的复制质量。在大批量的正式印刷之前，质量管理人员可以根据彩色样张检查前工序中彩色复制的准确与否，及时发现错误并加以纠正，以免造成更大的浪费。如检查文字是否丢失，字符属性是否正确。检查图像的色彩和调子的再现情况，版面结构是否符合要求等。

② 为印刷提供基本的控制数据和标准的彩色样张。打样是进行大量印刷前的试生产过程，是一种模拟印刷。打样特别是机械打样，它所使用的设备、原材料和工艺等和正式印刷相仿。因此，打样可以为正式印刷提供标准样张。印刷工序则依据样张进行材料的选择和机器的调节，并以样张为标准进行印刷和质量检验。

③ 为客户提供签样样张。通过样张可以审阅版面设计的效果，预测印刷品的最终质量。所以客户可以通过样张来确认印刷品的最终效果和质量，并验收签样。经客户签样后，印刷厂就可以大量付印了。

（2）打样方法　打样的方法可以分为两大类：传统打样和数字打样。

传统打样也称机械打样或模拟打样，通常是在和印刷条件基本相同的情况下（如纸张、油墨、印刷方式等），把印版，安装在打样机上，进行印刷得到样张。有关机械打样的知识，将在第 4.1.1 中作进一步介绍。

数字打样（Digital Proofing）是用数字技术检查复制质量，为印刷提供参考的方法，通常采用喷墨、热转印、静电或其他成像技术，以及彩色显示器上的打样。

不同的打样方法，提供的样张也不同，屏幕打样提供的是数字样张，数码打样或机械打样提供的是实物样张。

数字样张（Digital Proof）是指由数字数据在显示器或某种基材上产生的软拷贝或硬拷贝。

屏幕软打样就是在显示器上仿真显示印刷输出效果，并提供数字样张的打样方法。它通过对显示器进行色彩校正和色彩管理，使显示器之间显示效果达到一致，同时使显示器显示的色彩与印品的颜色再现效果达到一致，其具有直观方便、快捷灵活、节约成本、提高生产效率的优点。屏幕软打样必须使用专业级显示器及专业软打样系统，在普通计算机上，显示器仍然无法满足软打样的质量。屏幕打样如图 3-29 所示。

从目前软打样的应用情况来看，软打样技术在硬件、测试校正和色彩管理等方面已日趋成熟。但是，屏幕软打样技术仍存在很多问题，主要是显示器与印刷品呈色方式的不同、稳定性差以及受环境光源影响因素较大。

现就行业中普遍使用的数字打样作较详细的介绍。

我国印刷技术标准术语 GB/T 9851.1—2008 对数字打样的定义是：数字打样（Digital Proofing）是用数字技术检查复制质量，为印刷提供参考的方法，通常采用喷墨、热转印、静电或其他成像技术，以及彩色显示器上的打样。数字打样设备如图 3-30。

图 3-29　屏幕软打样设备　　　　　　图 3-30　数码打样设备

数字打样是采用印前系统生成的数字文件，不产生中间媒体胶片、也无需晒版而直接以数字输出方式来制作校样，它是一种以网点阶调直接在纸张上输出数字化彩色图像信息的打样方式。

（3）数字打样系统　数字打样系统由数字打样设备和数字打样软件两个部分组成，采用数字色彩管理与色彩控制技术达到高保真地将印刷色域同数字打样的色域一致。其中数字打样输出设备是指任何能够以数字方式输出的彩色打印机，如国内目前最常用且能够满足出版印刷要求的多为大幅面彩色喷墨打印机。

（4）打样软件　数字打样控制软件是数字打样系统的核心与关键，主要包括 RIP、色彩管理软件、拼大版软件等，完成页面的数字加网、页面拼合、油墨色域与打印墨水色域的匹配。

（5）打样工艺　数字打样分为 RIP 前打样与后打样工艺流程。

① 前打样。前打样是指由 RIP 直接解释电子文档，并且在色彩管理的控制下，在打印机上得到与印刷品一致的样张。RIP 前打样的工艺流程采用调频网点打印，图像、图形及文字信息都可以被准确地反映出来，但不能完全准确反映最终输出 RIP 的结果及印刷网点的结构状况。RIP 前打样的优点在于速度快，应用技术相对成熟、对软硬件要求低。主要应用在设计打样、印前过程打样和部分合同打样，是目前应用较多的数字打样工艺。

② 后打样。后打样一般是指对 RIP 加网后的 tiff 文件进行输出在色彩管理的控制下，在打印机上得到与印刷品质相近样张的打印过程。RIP 后打样使用的 l-bit.tiff 文件包含输出版面的全部信息，包括文字、版式、图像、图形及印刷网点结构（网点线数、网点形状与角度）的所有信息，所以据此输出的数字打样样张最忠实于最终印刷效果。但是由于 l-bit.tiff 文件数据量巨大，在实际生产运用过程中对软硬件要求非常高。

习题

一、判断题

1. 五笔字型输入法中，将"折"笔画排列在了 5 区（N～X）键位上。

2. 平台式扫描仪是对原稿图文信息进行逐点数字化采集的设备。

3. 数码相机的传感器是 CCD 或 CMOS。

4. 卡片式数码相机是用单镜头并通过此镜头反光取景的相机。

5. 经图像处理软件处理后的文件也具有矢量特性。

6. JPEG 格式是印刷常用的图像文件格式。

7. 滚筒扫描仪，对图像暗调层次表现较好。

8. 光电转换元件-电荷耦合半导体单元的简称是 CCD。

9. 为印刷复制而扫描的图像，其扫描分辨率通常不能低于 200ppi。

10. 数码相机分辨率的高低，主要取决于相机光电转换元件的成像面积。

11. 最通用的无损压缩的点阵图像格式是 PDF。

12. RGB 模式的图像不符合印刷要求。

13. 数字工作流程，通常只能对文件进行加网处理。

14. 普通计算机显示屏的显示效果，也能满足软打样的质量要求。

15. 打样的主要作用是为正式印刷提供标准样张。

二、选择题（单项）

1. 从软件属性区分，下列软件中属于绘图软件的是。

A. Illustrator   B. Photoshop   C. InDesign   D. Word

2. _____是一种可以在轮廓和像素数据之间进行选择的图形、图像数据专用格式。

A. JPEG   B. TIFF   C. EPS   D. PDF

3. Adobe 公司为电子文件开发的格式是（   ）

A. JPEG   B. TIFF   C. EPS   D. PDF

4. 对数字图像的分色，通常是在（   ）中完成。

A. Illustrator   B. Photoshop   C. InDesign   D. FIT

5. 在印前输出系统中，光栅图像处理器的主要作用是对图像进行加网处理，其简称为_____。

A. PMT   B. CTP   C. RIP   D. CCD

6. _____是一种用于图片有损压缩的文件格式。

A. TIFF   B. EPS   C. JPEG   D. PS

7. 对计算机要求最高的印前工序是_____。

A. 图像处理   B. 图形制作   C. 排版处理   D. 文字处理

8. "彩色"的五笔字形输入码是_____。

A. esqv   B. esqc   C. tsqv   D. toqc

9. 下列软件属于专业排版软件的是_____。

A. Illustrator   B. CorelDraw   C. InDesign   D. Photoshop

10. 现要扫描一块实木地板的木纹，应选用_____作为扫描输入设备。

A. 平面扫描仪　　　　B. 滚筒扫描仪　　　　C. 电子分色机　　　　D. 数码相机

11. 滚筒扫描仪扫描时获取的信息是_____信息。

A. 网点　　　　　　　B. 面　　　　　　　　C. 线　　　　　　　　D. 点

12. 滚筒扫描仪和平面扫描仪扫描的图像（　　）效果差异较大。

A. 亮调　　　　　　　B. 中间调　　　　　　C. 暗调　　　　　　　D. 都不大

13. 下面采用 CCD 进行光电转换的扫描设备是（　　）。

A. 平面扫描仪　　　　B. 电分机　　　　　　C. 数码相机　　　　　D. 滚筒扫描仪

14. 某一图像原稿，无缩放，150lpi 加网印刷，则扫描分辨率应设置为（　　）。

A. 600dpm　　　　　B. 300dpi　　　　　　C. 400dpi　　　　　　D. 600dpi

15. _____是组成数字图像的最基本单位。

A. 网点　　　　　　　B. 像素　　　　　　　C. 显示点　　　　　　D. 打印点

三、问答题

1. 简述平台式扫描仪的工作原理及应用领域。

2. 数码相机分辨率的含义是什么？印刷复制对数字原稿有哪些基本要求？

3. 目前常用于彩色桌面印前系统的应用软件有几种？各有何特点？

4. 简述数字工作流程的作用。

5. 为什么要打样？打样有几种方法？

能力项目

一、五笔字型输入法认知

1. 目的：通过实践，了解五笔输入法的功能，熟悉五笔字型拆字方法及 130 个汉字在键盘上的分布规律。初步掌握简码字、字根汉字、合体字、词组输入法的操作要领、规律以及口诀等，并能运用到实践中去。

2. 要求：请写出下表汉字的五笔编码。

汉字	五笔编码	汉字	五笔编码	汉字	五笔编码	汉字	五笔编码	汉字	五笔编码
我		明		简		上海		计算机	
国		间		码		程序		自动化	
民		信		需		印刷		叹为观止	
和		曾		凸		出版		中国人民解放军	

二、图像扫描分辨率认知

1. 目的：通过实践，了解扫描分辨率和图像细节再现之间的关系，并初步掌握普及型扫描仪的操作过程。

2. 要求：（1）选取彩色原稿、灰度原稿和线条原稿各一幅，分别以 300ppi、72ppi、36ppi 扫描分辨率扫描，原稿框选尺寸为 64mm×64mm，缩放倍率 100%。

（2）图像命名规则为：图像模式 _ 分辨率。用 C 代表彩色图像、G 代表灰度图像、

B 代表线条稿。例如彩色图像用 300ppi 的扫描分辨率扫描的图存为 C＿300，扫描保存格式为 Tiff 格式；

（3）将上述扫描的 9 幅图像导入 AI 软件的 A4 页面中，均匀分布排列，保存为 PDF 格式；

（4）在彩色打印机上打印输出。

3. 思考：扫描分辨率和图像质量之间存在怎样的关系？扫描图像类型对图像文件大小、扫描速度有影响吗？

第4章
印刷

印刷是一项大量复制图文信息的工业工程，它是使用模拟或数字的图像载体将呈色剂/色料（如油墨）转移到承印物上的复制过程。随着科学技术的发展，印刷技术和方法日新月异，操作方法和印刷效果也不尽相同。按传统的印版形式分类，印刷可分为无版印刷和有版印刷两大类。无版印刷通常是指数字印刷，有版印刷又分为平版印刷、凸/柔版印刷、凹版印刷、丝网印刷四大类。

对有版印刷而言，印刷工艺过程由制版和印刷两部分组成。

4.1　平　版　印　刷

我国印刷《GB/T 9851.1—2008 技术标准术语》对平版印刷的定义是：平版印刷（Planographic Printing）是指印版的图文部分和非图文部分几乎处于同一平面的印刷方式。

4.1.1　平版制版

制版是印版制作的简称，我国印刷技术标准术语 GB/T 9851.1—2008 对印版制作（Forme Making）的定义是：制作印刷所需印版的工艺过程。

平版印版的图文部分和非图文部分几乎处于同一平面，其之所以能印刷，是因为空白部分具有良好的亲水性能，吸水后能排斥油墨，而印刷部分具有亲油性能，能排斥水而吸附油墨。平版制版的任务就是将版面分成亲油和亲水两部分，目前平版制版主要有传统的胶片制版工艺和计算机直接制版工艺两种形式。

（1）胶片制版工艺　胶片制版工艺是指印前版面信息通过激光照排机输出在感光胶片上，然后将该胶片覆盖在涂有感光层的 PS 版材上，利用曝光将胶片上图文转晒到 PS 印版上。胶片制版工艺过程如图 4-1 所示。

该工艺是由胶片输出和 PS 版制版两部分工艺组成。胶片输出工艺，简称 CTF（Computer-to-Film）工艺，意为计算机处理的图文信息转移至胶片（Film）上的工艺，该胶片经显影、定影、水洗，即可作为 PS 版制作用的原版。

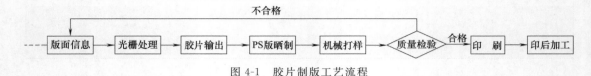

图 4-1　胶片制版工艺流程

① CTF 工艺。CTF 工艺所使用的输出系统主要由激光照排机、胶片冲洗机及输出控制软件、工作流程软件等组成，记录影像材料主要是银盐感光胶片。

a. 激光照排机。激光照排机是通过激光曝光，在感光胶片上记录点阵位图信息的设备，记录的信息可以是阳图信息或阴图信息。

根据工作方式，亦可分为外鼓式、内鼓式和绞盘式三种类型。图 4-2、图 4-3、图 4-4 是三种类型激光照排机结构示意图。

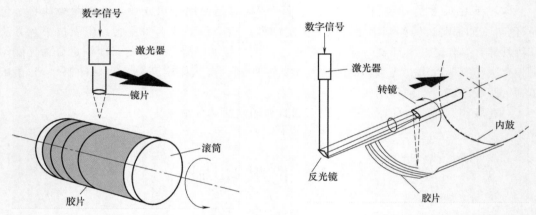

图 4-2　外滚筒式照排机工作原理图示　　　图 4-3　内滚筒式照排机工作原理图示

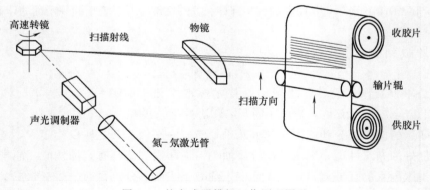

图 4-4　绞盘式照排机工作原理图示

b. 成像材料

银盐感光胶片。银盐感光胶片是片基表面涂布了卤化银感光介质的信息记录材料，在文化、教育、医学、科技以及国防等各个领域都曾有极为广泛的应用。在印刷行业，感光胶片主要作为激光照排机信息记录成像材料。

感光胶片成像过程：银盐感光材料的感光介质是乳化银，乳化银受到一定量的光照射，发生光化学反应，生成银显影中心，这些银显影中心就是影像，但在没有处理前是不可见的，所以称之为潜影。

显影是把潜影变成可见影像的过程（安全光环境），其实质是把已曝光的银颗粒潜影，用显影剂还原成银、变成可见黑色影像的过程。定影过程就是在显影后将感光片上未曝光部分的卤化银溶解去，以保持影像的固定。定影后的胶片应立刻作冲洗处理，最好用流水冲洗，以彻底除去感光层中的药液，防止胶片变黄，利于胶片保存。

从20世纪90年代起，CTF一直是我国印刷行业印前系统广泛使用的工艺技术。由于感光胶片的感光介质中含有银，且该工艺需经过胶片成像、晒版等中间工序操作，工艺繁琐、冲洗过程易对环境造成污染，已逐渐被CTP工艺所替代。

喷墨胶片。喷墨胶片是一种全透明、防水型数字化印刷喷墨打印制版胶片，通过喷墨打印设备直接将图像打印于片基上，制成菲林片，供后工序制版用。由于喷墨胶片不含价格昂贵的银，使用中也不需要显影、定影等化学药品和水洗干燥工艺，是十分环保的印刷材料。它作为银盐感光胶片的替代品，可以大幅度的降低印刷企业的生产成本。但该胶片精度较低，通常只适用于对精度要求不高的产品，如黑白书刊、报刊平版制版，和超大幅面印染、印花、广告等丝网版制版以及柔性版、树脂版的印刷制版。

热敏胶片（干式菲林）。热敏胶片作为一种新型的图像载体，因其在数字化成像时没有银盐胶片化学处理和冲洗这一过程，减少了对环境的污染，且能节约资源，在医学领域广为应用。近几年开始应用于印刷制版，如应用于柔版激光雕刻制版。

热敏胶片主要由透明聚酯薄膜（保护层）、热敏记录层（碳黑层）及底基组成。其成像原理是：成像光源发出的高能激光将图像部分的碳黑层烧蚀掉，直接形成阴图菲林片，供后工序制版所用。

这种新型胶片有着极高的分辨率和高反差，能复制最细微的细节，它几乎适合于所有的印刷方式。这类胶片除用于数字激光雕刻柔版外，也可用于传统柔版、凸版以及胶印印版的UV曝光，及用作丝网印刷制版。

② PS版制版工艺。激光照排机输出的胶片必须制作成印版后才能到印刷机上进行印刷。这一过程被称为制版工艺。目前使用较多的制版方法为光学晒像制版法，即将前工序制作的胶片覆盖在涂有感光层的版材上，利用曝光将胶片上图文信息转晒到印版上。

该工艺由晒版机和感光材料PS版组成。

a. 晒版机。晒版机是用于制作印版的一种接触曝光成像设备，利用抽真空，将有影像的感光胶片（菲林）与感光版（PS版）紧密贴合，通过紫外光照射发生光化学反应，将菲林上的图像精确地晒制在感光版上。曝光后的印版，再经水洗、除脏、上胶，就可供后工序印刷使用。

PS版晒版机和冲洗机见图4-5所示。

b. PS版。预涂感光版简称PS版（Pre-Sensitized），是指预先在铝版上涂布了感光剂然后销售给印刷厂使用的印版。

PS版按照感光层的感光原理和制版工艺，分为阳图型PS

图4-5　PS版晒版机（左）、冲洗机（右）

版（光分解型）和阴图型 PS 版（光聚合型）。

光聚合型用阴图菲林片晒版，图文部分的重氮化合物见光硬化，留在版上，非图文部分的重氮化合物见不到光不硬化，被显影液溶解洗去，见图 4-6 所示。

光分解型用阳图菲林片晒版，非图文部分的重氮化合物见光分解，被显影液溶解除去，留在版上的仍然是没有见光的重氮化合物，见图 4-7 所示。

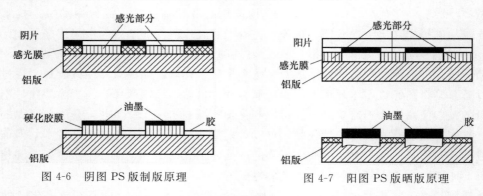

图 4-6 阴图 PS 版制版原理　　　　　图 4-7 阳图 PS 版晒版原理

③ 机械打样。晒制好的印版，在正式上机印刷之前，要打出样张，然后对照原稿或版式设计图样进行校对，直到阶调、色彩、文字、版面规格尺寸无误为止，最后由客户签字，才可付印。

机械打样与前面介绍的数码打样不同，机械打样必须要有印版，把印版安装在专门的打样机上，印出单色样和套色样。由于制作样张的条件、环境与印刷时基本相同，因此，印刷过程中利用样张控制色彩、层次较准确。但由于必须通过印版，所以返工较麻烦。

（2）计算机直接制版工艺　计算机直接制版的英文缩写是 CTP，即 Computer-to-Plate，其含义是将印前工序拼排好的版面图文信息，通过计算机和相应设备直接记录到印版上。工艺过程如图 4-8 所示。

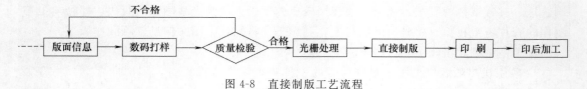

图 4-8 直接制版工艺流程

其他计算机直接输出技术还有计算机到胶片即 CTFilm（Computer-to-Film）、计算机到样张即 CTProof（Computer-to-Proof）、计算机到印刷机即 CTPress（Computer-to-Press）、计算机到纸张即 CTPaper（Computer-to-Paper）。

CTP 技术出现于 20 世纪 80 年代初，这个时期是直接制版技术研究的初期阶段，其技术和制版质量都不是很成熟。到了九十年代，设备制造厂商与印刷厂商密切配合，加速了这项技术的研究与开发步伐，并在此期间达到了成熟和工业化应用的程度。在 1995 年德鲁巴（Drupa）印刷展览会上，展出了 42 种 CTP 系统，并在国外得到大力推广和应用。

我国 1996 年引进第一台直接制版机，但由于设备、版材十分昂贵，制约了这项技术在我国印刷企业的使用和推广。随着设备价位大幅度下降及直接制版版材开始成熟和发展，再加上 CTP 技术制版质量好、工序简单、生产效率高、产品稳定性好、低污染等特点，该技术从 2003 年起在我国得到高速、迅猛增长，已成为平版印刷主要的制版方式。目前，CTP 技术在全球印刷行业得以广泛普及和发展，为现代印刷业带来了巨大变革。

计算机直接制版系统是由 CTP 制版系统和相对应 CTP 版材组成，CTP 制版系统包括硬件系统和软件系统，硬件系统包括 CTP 制版机、计算机、冲洗设备等；软件主要是指数字工作流程软件。

① CTP 制版机。CTP 制版机是通过激光曝光，直接在印版上记录点阵位图信息的设备。根据工作方式，可分为外鼓式、内鼓式和平台式三种类型。

外鼓式直接制版机工作时，单束或多束的激光束垂直于圆柱滚筒的轴线，通过成像系统的光学部件聚集到印版表面，沿成像鼓周向以逐行扫描的方式产生记录点。成像鼓旋转时带动印版一起高速旋转，而发出激光束的成像头则沿成像鼓的轴线作连续的平行移动。

内鼓式直接制版机是将成像材料安装在滚筒的内侧进行曝光，工作时滚筒与印版不动，激光头沿着滚筒的轴线水平移动，激光通过激光头上的转镜反射出来，照射到印版上进行曝光成像。

平台式直接制版机的版材装在工作台上，激光通过高速旋转的转镜照射到版材上，工作台做垂直于扫描方向的运动。转镜旋转一圈，完成一次扫描。

三种类型的 CTP 制版机结构示意图如图 4-9、图 4-10、图 4-11 所示。

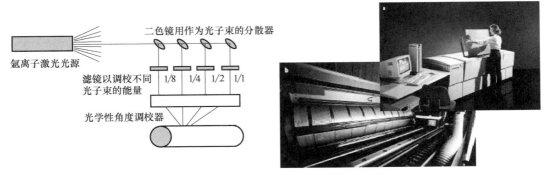

图 4-9 外鼓式 CTP 成像及设备示意图

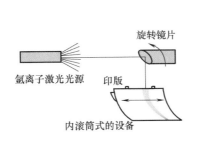

图 4-10 内鼓式 CTP 成像及设备示意图

② CTP 成像技术。目前在行业应用的 CTP 技术主要有热敏 CTP、紫激光 CTP、UV-CTP 和喷墨 CTP 等四种技术。

a. 热敏 CTP。热敏 CTP 使用的成像光源是 830nm 的红外激光光源，使用热敏版材

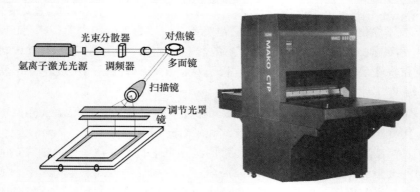

图 4-11 平台式 CTP 成像及设备示意图

成像。其成像原理是：成像材料被激光照射后，吸收光子的能量将其转化为热能，使感光层发生化学变化从而形成影像。红外激光成像的最大特点是能量必须达到一定的阈值，低于阈值，印版上完全没有图像，达到阈值开始成像，超过阈值成像结果仍然不变。即能量超过阈值曝光成像，不超过阈值就不曝光，只有这两种状态，不存在中间状态，成像非常精确，且使用红外激光的 CTP 版材可以在明室环境中操作。

热敏型 CTP 版材的类型较多，但是目前比较成熟的类型主要有两种，即热熔解型和热交联型。现以阴图型热交联型版材为例，说明其制版原理。

热交联型版材通常是将热敏层均匀涂布在经粗化与阳极氧化或涂敷过聚酯的铝版基上制成的。热敏层通常包括成膜树脂、交联剂、红外吸收染料和光热酸发生剂。其制版原理是：红外光照射版材时，红外染料吸收光能转化为热能，酸发生剂产生酸，在酸的催化作用下，曝光区树脂产生一定程度交联，形成潜影。经过预热处理，使曝光区树脂发生充分交联反应，形成图文部分；而未曝光区不发生交联反应，而最终被碱性显影液除去。如图4-12 所示。

b. 紫激光 CTP。紫激光 CTP 使用的成像光源并不特指某个特定波长的激光发生器，而是泛指波长在 390～410nm 的激光发生器。紫激光 CTP 使用紫激光版材成像，成像时版材表面光敏层通过吸收激光能量，从而使感光层发生化学变化从而形成影像。紫激光光源寿命长、造价便宜，使用紫激光的 CTP 版材可以在黄色安全灯下操作。紫激光 CTP 成像过程有能量累积效应，曝光必须有正确的能量。

紫激光版材可分为银盐版和光聚合版两种，现以光聚合版为例，说明其制版原理。

光聚合型 CTP 版材，印刷适性与传统的阴图 PS 版极为接近。其制版原理是：曝光时，见光（图文）部位的感光剂和引发剂一起发生交联反应，并使见光部位硬化；预热，使图文部分的高分子化合物进一步发生交联反应，其目的在于使图文部分得到充分硬化。预热时空白部分也发生了反应，因此显影时要去除空白部分的影像。预洗就是把版材的保护层洗掉；然后再用碱性显影液溶解没有见光的高感光度的感光层。显影完毕，用合成树脂溶液冲洗版面，合成树脂不仅可提高空白部分的亲水性，而且还增强了图文部分的亲油性，干燥后即可印刷。具体过程见图 4-13 所示。

c. UV-CTP。"UV"是紫外线的简称，UV-CTP 技术是指利用 UV 或 UV 激光在传统 PS 版材上进行计算机直接制版的一种制版方式。UV-CTP 制版机按采用的光源可分为

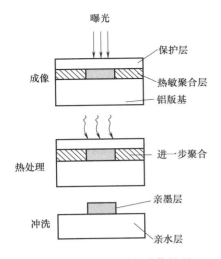

图 4-12　热交联型版成像机理

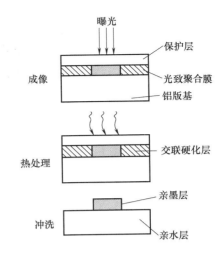

图 4-13　光聚合型版成像机理

紫外光 UV-CTP 和紫外激光 UV-CTP 两类。

UV-CTP 技术，早期称为 CTcP 技术。CTcP 是 Computer-To-Conventional-Plate 的英文缩写，这种技术既继承了 CTP 的优点，又能继续使用传统胶印 PS 版材，为企业提供了另一种制版数字化的途径。

CTcP 的关键技术是数字微镜技术，数字微镜是一种超高精度光学器件，简称 DMD（Digital Micromirror Device），它在大约 20mm×20mm 的硅片上安装了数十万到百多万个微镜，这些微镜按矩阵行列排布，每个微镜可以在二进制 0/1 数字信号控制下做 +10°/−10° 的偏转。数字微镜原理如图 4-14 所示。

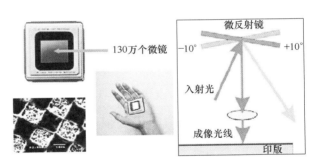

图 4-14　数字微镜

CTcP 直接制版机工作时，紫外光源发出的光线通过多个反射镜和物镜聚焦到达器件 DMD。凡是不需要记录的点对应的微镜则偏向某一侧，而需要记录的点所对应的微镜偏向另一侧，进入聚物镜，并将记录矩阵光线成像在 PS 版上。

与 CTP 技术相比，CTcP 技术最显著的优点是能使用印刷厂所熟悉的普通的 PS 版材，版材价格相对便宜，另外与传统的制版、印刷工艺兼容性较好。CTcP 技术不足之处在于制版效率较低，其次 DMD 由 100 多万个微镜组成，只要其中一个微镜损坏，整个 DMD 就不能正常工作。拆卸更换 DMD 非常麻烦，且十分昂贵。CTcP 设备及成像原理见图 4-15 所示。

d. 喷墨 CTP。喷墨 CTP 技术是利用大幅面喷墨打印机，在处理过的 PS 版上进行喷墨成像的一种 CTP 制版技术。喷墨打印 CTP 技术可以用普通 PS 版做版基，感光涂层可以是光分解型或光聚合型的，还可以直接在经粗糙化、阳极氧化所获得的多孔铝版上打印

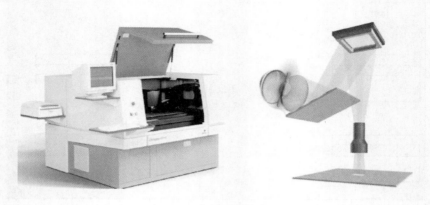

图 4-15   CTcP 设备实样、成像原理图

成像，所用油墨可以是水溶性油墨、热固油墨、UV 固化油墨等。在普通 PS 版上进行打印，经晒版、显影后可以上机印刷；在裸版（即仅做粗糙化及氧化处理，而未为版基涂布感光涂层）上打印后，仅需固化就可以直接上机印刷，这是无湿处理型印版。

喷墨 CTP 技术优势是对环境无任何污染，被称为绿色产品。另外喷墨 CTP 系统的设备与耗材的价格也相对较低，工艺简单，制版成本较低。喷墨 CTP 技术的不足之处是设备的分辨率和图像质量还不够高，在应用于大幅面时制版速度较慢。喷墨 CTP 设备如图 4-16 所示。

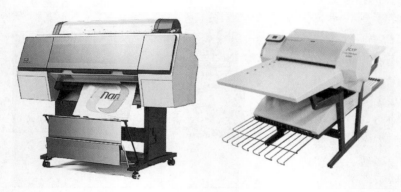

图 4-16   喷墨 CTP 设备

③ 免处理 CTP 版材。从广义上讲，是指版材在直接制版设备上曝光成像后，不需要任何后续处理工序，即可上机印刷，当然无需化学显影、冲洗等，是真正意义上的免处理版材。从狭义上讲，是指版材在直接制版机上曝光成像后不需化学显影处理，但仍然会有个别非化学处理工序，例如版材烧蚀废屑的清除、涂布保护胶等处理工作。

热敏版、紫激光版、喷墨版均有免处理 CTP 版材，但从目前市场来看，现在大多数免处理 CTP 版材都是基于热敏技术的。热敏版有完全免处理版（靠上机后由润版液带走非图文部分），也有简易处理（水洗上胶）版。

紫激光免处理版材采用光聚合型树脂版材，但目前紫激光免处理版材只是免除了化学试剂处理，仍然需要清水处理。

④ 无水 CTP 版材。通常的平版印刷是根据油水不相混合的原理进行制版和印刷的。

在印刷时要用水来润湿版面。水被吸附在版面的空白部分，使其不吸附油墨。但版上有水后，会造成印品色泽降低，纸张伸缩，套印不准确等弊病。

无水胶印版是不用水润湿版面进行平版印刷的印版。20 世纪 70 年代，日本东丽工业有限公司（Toray Industries Inc）无水胶印版材就已正式问世。然而经过近半个世纪的博弈，传统胶印在技术上、设备上均获得了极大发展，传统胶印版材也一直处于版材市场的主导地位。而如今，随着人们环保意识的提高，逐渐认识到传统胶印过程中使用的挥发性溶剂会对环境造成很大危害，无水胶印便逐渐受到重视，无水胶印版材也有望在新一轮竞争中向传统胶印版材发起挑战。

无水 CTP 版材的结构为：最下层为版基；版基上是亲墨的胶合层，起连结版基和感光层的作用，感光层和传统版材的不同，其反应物质在光照后分解成气体物质而消融除去；最上层仍然是斥墨的硅橡胶层。

无水 CTP 版的制版过程和烧蚀型免处理 CTP 版材的制版过程类似：图文数据经 RIP 后，由直接制版设备发出的红外激光对无水 CTP 版进行曝光，被曝光的感光层中所含的光热转化剂会产生热量，受热后的反应物质生成气体，气体膨胀使其上的硅橡胶层从印版上脱离，经过除尘等处理后，就露出图文部分的亲墨层。版材结构和成像原理如图 4-17 所示。

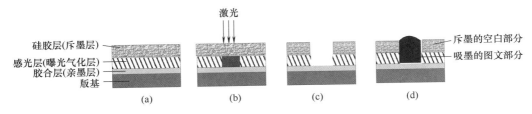

图 4-17 无水 CTP 版材结构和成像过程示意图
（a）版材结构 （b）曝光 （c）曝光后印版 （d）印版上墨

无水胶印版材，不能使用于现在传统的胶印印刷工艺，必须和与之相配套的专用无水胶印油墨和无水胶印印刷机等配套才能使用。这就造成印刷企业前期投资大，且版材价格偏高，这些都成为制约这项技术普及化的瓶颈。但由于无水印刷的环保性能优越，其未来发展前景将甚为广阔。

4.1.2 平版印刷

我国《GB/T 9851.1—2008 印刷技术标准术语》对平版印刷的定义是：平版印刷（Plan Ographic Printing）是指"印版的图文部分和非图文部分几乎处于同一平面的印刷方式。"

平版印版的图文部分和非图文（空白）部分，高低相差很小，一般图文部分略高出空白部分 $5\sim10\mu m$，几乎没有手感，故称平版。平版印版在印刷时，不论空白部分还是图文部分都将与着墨辊全面接触，只是空白部分和图文部分的表面吸附性质正好相反。空白部分对油墨绝不吸附，而图文部分则对油墨有良好的吸附性，起传递油墨的作用。

目前广泛使用的平版印版是有水印版，其空白部分必须由润湿液"水"来保护，使其不沾墨。利用油水不相溶的原理，先给印版着"水"，使空白部分形成亲水疏油的"水"膜，然后再给印版着墨，使图文部分沾附油墨，空白部分因为有"水"膜覆盖，上不了墨。另外为了避免纸张因直接从印版吸收过量的水分而产生的套印不准等弊病，平版印刷大多采用间接印刷的方法，即印版上的图文墨层首先转移到橡皮布上，再利用橡皮滚筒与压印滚筒之间的压力，将图文墨层转移到承印物上，完成印刷。由于橡皮布表面涂有一层橡胶，所以，平版印刷也称为"胶印"。平版印刷原理如图 4-18 所示。

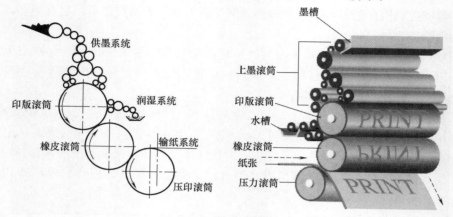

图 4-18　胶印机印刷部分工作原理图

（1）平版印刷机（胶印机）　平版胶印机是通过橡皮布滚筒将印版图文转印到承印物上的一种平版印刷机，它主要采用圆压圆印刷方式，通过橡皮布转印滚筒，将印版上的图文转印至承印物上。

按印刷条件和基本印刷方法不同，可分为单张纸自动平面胶印机和卷筒纸高速轮转胶印机；按印刷色数不同，可分为单色机、双色机、四色机、六色机和八色机等；按印刷纸张幅面不同，可分为四开机、对开机、全张机和双全张机等。

除上面的分类，我们还可以根据更多不同的方式对胶印机进行分类：按用途分为纸张胶印机、打样胶印机、印铁胶印机、光盘印刷机；按印刷面分为单面胶印机、双面胶印机；按自动化程度分为半自动胶印机、全自动胶印机。

现就单张纸式和卷筒纸式胶印印刷机来说明印刷机的结构。

单张纸式胶印机和卷筒纸式胶印机，它们除了传动装置、印刷装置、输水装置和输墨装置相近外，其余都有很多的不同。单张纸胶印机实样如图 4-19 所示。

① 单张纸胶印机。单张纸胶印机的承印物是由输纸装置一张张输入到印刷部分，它由输纸装置、印刷装置、收纸装置组成。

a. 输纸装置。输纸装置由存纸和送纸装置组成。先把平板纸堆放在可保持一定高度的有自动升降装置的纸台上，然后通过纸张分离机构将纸一张张地分离，并传送到纸张传到机构（输纸台）。

b. 印刷装置。印刷装置由交接、润湿、着墨、印刷等四个部分组成。纸张定位后，由递纸牙或压印滚筒叼纸牙，咬住纸张，前规抬起，让纸张进入印刷部分。印版滚筒上安装印版，在它的周围安装有着墨装置、润版装置和印版装版装置。橡皮滚筒上包卷有橡皮布，它起着将印版上的图文油墨转移到承印物上的中间媒介作用。压印滚筒上装有叼纸装

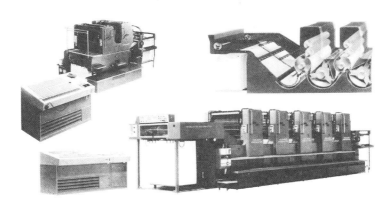

图 4-19 单张纸胶印机实样

置，它将印完的纸送至下一色组。

c. 收纸装置。收纸装置由收纸链条、收纸板和计数器组成。链条上的咬纸牙把印好的成品，从压印滚筒的咬纸牙上接出，通过链条传动传到收纸板。收纸板设有自动撞齐装置，通过计数器自动记数，堆积到一定数量即可取出。

滚筒的排列方式如图 4-20 所示。

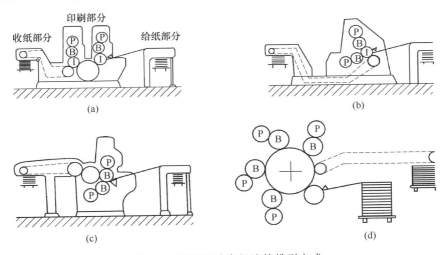

图 4-20 平版纸胶印机滚筒排列方式

(a) 机组型三滚筒双色胶印机 (b) 五滚筒双色胶印机

(c) 双面单色 B—B 型胶印机 (d) 卫星式四色胶印机

② 卷筒纸胶印机。卷筒纸平版胶印机的承印物是以成卷的形式输入到印刷部分，它由放（纸）卷装置、印刷装置、干燥装置和收卷装置等四部分组成。卷筒纸平版胶印机收卷部分往往后接折页、裁切、压痕、模切等印后加工设备。卷筒纸胶印机实样如图 4-21 所示。

a. 放卷（纸）装置。放卷（纸）装置由导送、制动和接纸三部分组成。

卷筒纸制动机构的任务是保证纸带在印刷时处于张紧状态并保持一定张力不变。当纸带断裂或印刷速度变低时，防止纸带自动退卷。

图 4-21　卷筒纸胶印机实样

卷筒纸接纸装置的任务是在不停机的情况下完成卷筒纸的调换工作。主要有三角架接纸装置和自动接纸装置两大类。

b. 印刷装置。卷筒纸胶印机的印刷部分有卫星型式和 B—B 型式，目前多采用 B—B 型印刷方式，该印刷装置由上下两个色组，以满足正反两面同时印刷的需要，如图 4-22 所示。

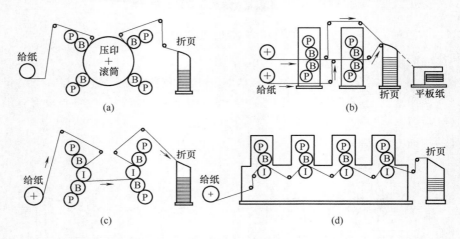

图 4-22　卷筒纸胶印机滚筒排列方式

（a）卫星型　（b）B—B 型（两组双色双面印刷）　（c）五滚筒型四色单面胶印机

（d）机组型卷筒纸胶印机

c. 干燥装置。卷筒纸胶印机大多用来印刷书刊、报纸的内文，印刷完毕后需立即进行收卷、折页、裁切、模切、压痕等后工序的操作。所以一定要通过干燥装置，使印迹墨层及时干燥。否则，极易发生背面粘脏和擦脏。干燥装置一般设在印刷装置和收纸装置之间。

d. 收纸或折页计数装置。卷筒纸胶印机的收纸装置有收卷（复卷）、分切折页和分切（模切与压痕）三种形式。纸张印刷后，按照出版要求，经规定的裁切折叠程序后，即可成为符合要求的书刊或报纸。

（2）平版印刷工艺

① 印刷准备。印刷前的准备包括纸张的调湿处理、油墨的调配、润湿液的配制、印版的检查、印版、压力的调试等。

② 装版试印。印前准备工作做好之后，就可装纸、装版、开机调试。开机运行中，要对输纸装置、收纸装置、输墨装置、印刷压力进行调节，以保证走纸顺畅。先上水，后上墨。在印刷过程中，在保证印刷质量的前提下，应尽可能用最小的压力和水分来印刷，要保持水墨平衡，防止水大墨大。如果是多色印刷或是套色印刷，还需要进行套准调节工作。套准作业完成后，开始试印，印出几张样品，进行质量检查。

③ 正式印刷。正式印刷前，再用一些过版纸进行试印，过版纸印完后计数器归零。印刷中要经常进行抽样检查，注意上水的变化、油墨的变化、印版耐印力、橡皮布的清洁情况，以及印刷机供油、供气状况和运转是否正常等。

（3）胶印新技术　随着数字技术在印刷工业的广泛应用和普及，使得新技术、新模式在印刷行业快速推陈出新，导致传统印刷设备的控制技术、产能和作业方法的快速更替。

胶印新技术主要体现在以下几方面：

① 生产效率提升。

a. 自动控制，增值高效。印刷网络管理系统、印刷数字工程流程与印刷工作流程相衔接，在印刷机上版之前，获取制版数据，自动预调墨键，可以使机器根据活件的墨色分布，快速达到油墨密度，减少调墨时间。印刷网络管理系统如图 4-23 所示。

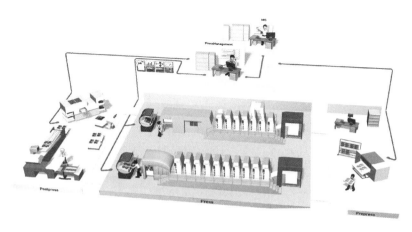

图 4-23　印刷网络管理系统

自动控制技术还包括自动套准、自动换版、自动检测和诊断、预选择和实际值显示功能、质量控制、远程诊断与维护、墨量遥控等，充分利用预置资料信息，大大缩短准备时间，从而实现更优异的印品质量、更短的印刷准备时间和更少的印刷机维护，真正实现印刷的数字化、网络化和自动化。

b. 不停机输纸、收纸。高速胶印机为了减少更换纸堆的时间，提高机器效率，设置有不停机输纸和收纸装置。高宝公司最近推出的全自动不停机输纸，更加提高了生产效率。

另外，新型胶印机应用了无轴传动技术，实现了印刷机组与输纸机的同步控制，极大提高了系统运动的精确性和稳定性，有效减少辅助时间和能量消耗。无轴传动技术输纸时不用更换任何零件即可分离从薄纸到厚卡纸，以及瓦楞纸板、塑料片材等承印物，可对纸张纸板进行行程自动调节。

c. 无墨键短墨路供墨。无墨键短墨路供墨系统是胶印机供墨系统的创新技术，它采用网纹辊的短墨路输墨装置，墨辊数量大为减少，结构简化，缩短了油墨的传递路线及调墨时间，实现无墨键、无水印刷，开机废品率也大为降低。

② 绿色环保。新技术使新型胶印机自动化和生产效率提升，这类技术可以提升生产效率、简化生产工艺、减少能源消耗、节约原辅材料、降低有害物质排放和对人体的危

害等。

无水胶印技术，是使用硅胶层替代润版液，节约用"水"量，减少了对环境的污染。另外，新设备的干燥系统在减少干燥单元数量、系统能耗、体积和提升干燥效率等方面，都有很大提升，减少了能源消耗，低碳环保。

③ 功能齐全，组合加工。

a. 组合印刷和联机加工。随着印刷品质量的提高，印刷技术也向着更加复杂的方向发展，一方面是丰富而多样的印刷品导致了印刷工艺的复杂化，另一方面，组合起来的印刷工艺与联机整饰、成型加工也造就了更为精美的印刷品。组合印刷与联机加工形式的优势表现在：构成印刷系统的多样性；增加印刷方式的灵活性；提升印刷产品的增值性；促进印刷质量的精美性。

组合印刷可以包括胶印、柔印、凹印、网印、数字印刷等多种印刷方式。将多种印刷形式和工艺结合起来，避免单一印刷方式的不足，使一个完整印品的各种效果尽善尽美，特别是在票据、高档包装产品、烟包等印刷中广泛使用。

联机加工体现在印前处理和印后加工上，可加上涂布，复合、转移和上光、烫印、覆膜、模切、压凸、折页、裁切等多种功能，将多种功能集合于一条生产线上，形成多种生产能力，使产品一次完成，既可以提高生产效率，也有利于减少浪费。

b. 大幅面胶印机。高速高效是现代印刷机发展的主旋律，印刷机的效率由印刷速度和印刷幅面体现。在同样的印刷速度下，印刷幅面越大则效率越高，所以大幅面胶印机特别是超大幅面胶印机的发展已成为印刷设备的新品种，拓展了胶印机的使用范围和提高生产能力。大幅面胶印机也可以配置在线印后分切装置，从而推动包装印刷的发展。

曼罗兰推出的 Roland 900XXL 最大的机型印刷面积可达 1300mm×1850mm，接近四倍全开。

c. 双面胶印技术。单面多色印刷和双面印刷的可变方式，满足了高效率、多灵活性的要求，使生产率得以提高。

④ 胶印与数字的融合。新一代胶印机实现了数字与胶印的相结合，此项技术一般采用高速喷墨系统辅助印刷可变信息，最终实现胶印与个性化信息的结合印刷。如兰达纳米数字胶印技术，其原理是使用喷墨装置将纳米油墨直接喷射到特制的橡皮布上，再将橡皮布上的图文通过压印滚筒转印至承印物上。该项技术的创新在于"融合、环保、绿色"的特色，它是数字喷墨、纳米与传统胶印等技术深度融合的产物。

4.1.3　平版印刷应用

（1）平版印刷特点　平版印刷用的版材轻而价廉，制作印版的过程也简单、方便，并可制作大版，最适用于印刷大幅面地图、海报、招贴画及小批量、高档化的小家电、餐饮、食品、医药等中小规格的精细折叠包装纸盒。胶印印刷时装版迅速、套色准确、印刷质量高、成本低，可承印大数量的印刷。并可连接各种印前及印后装置，形成流水作业，整个印刷作业呈数字化趋势。

平版印刷墨层薄，是复制层次丰富、色调柔和的精美画册、样本等高档次产品的主要印刷方法之一。同时它也可以满足以文字为主的书刊报纸及图文并茂的一般印刷品的印刷需要，这种印刷方式占据着印刷工业的主导地位。

但平版印刷因印刷油墨受水胶的影响容易产生乳化现象，且油墨是经印版、橡皮滚筒再印到被印物上，因此，油墨在色调再现能力与油墨的转移方面不够理想，耐印力也较低。

平版印刷的产品，其印迹特征表现为文字或线条边缘光洁，图像网点再现均匀。（平版印刷品的印迹特征见书后彩图 11）

（2）平版印刷应用范围

① 新闻印刷：如报纸等的印制。

② 书刊印刷：如图书、期刊、杂志、地图、挂历、台历、光盘等的印制。

③ 广告印刷：如商品宣传单、小册子、样本、海报、招贴画等的印制。

④ 包装印刷：纸袋、纸盒等的印制。

⑤ 商业印刷：信纸、表格、标签。

⑥ 金属印刷：马口铁等金属片材的印制。

⑦ 立体印刷：光栅立体图片、广告等的印制。

⑧ 磁卡印刷：银行卡、交通卡、智能卡等的印制。

4.2　柔性/凸版印刷

我国《GB/T 9851.1—2008 印刷技术标准术语》，5.10 对柔性版印刷的定义是：柔性版印刷（Flexographic Printing）是指"用弹性凸印版将油墨转移到承印物表面的印刷方式。"

根据以上定义可知，柔性版印刷属于凸版印刷范畴。

平版胶印、柔性版印刷、凹版印刷和丝网印刷是目前世界上最普遍的四大传统印刷方式，在欧美等印刷工业发达的国家，被誉为"绿色印刷"的柔版印刷已成为仅次于平版胶印的第二大印刷方式，特别是在包装和标签印刷领域，柔性版印刷占据了统治地位。柔性版印刷在我国起步则比较晚，技术的应用及行业的认可与欧美国家相比都存在着一定的差距。但近几年随着我们国家商品经济的发展、人们生活水平的不断提高，包装印刷工业不断向高档、精细、多品种方向发展，特别是对环境保护意识的增强，柔性版印刷在我国包装印刷、标签印刷等领域发展迅速。

在全球低碳环保的大趋势下，2012 年 4 月，我国新闻出版总署、教育部、环境保护部发布《关于中小学教科书实施绿色印刷的通知》。通知中提到，中小学教科书必须委托获得绿色印刷环境标志产品认证的印刷企业印制。要求出版单位在印制教材过程中使用环境标志认证的纸制品、油墨以及环保型胶黏剂等原辅料，使用柔性版印刷机印制教材等方式，探索出适合全国范围内推广的教材绿色印刷之路。

使用柔版印刷印制中小学教科书，将为我国柔性版印刷带来新一轮的发展。

4.2.1　柔性版制版

柔性版制版是指使用柔性版，制作柔性凸版的过程。

柔性版是以橡胶或感光性树脂等弹性材料经雕刻或曝光制成的用于柔版印刷的凸印版。橡胶版制版主要以激光直接雕刻为主，制版时通过激光直接把图文雕刻在版材上，汽化蒸发残余物，直接制成柔印版。

感光性树脂版以品种多、质量好，占据着柔版印刷市场的主导地位。感光性树脂版按版材硬度分为柔性版和树脂凸版两大类，柔性版版材硬度在邵氏 30～70 度，简称柔版；树脂凸版的版材硬度在邵氏 90 度左右，简称树脂版。由于柔版硬度比较低，所以在制版过程中需要用背曝光来形成版基，而树脂版无需背曝光。感光树脂版版材结构及制成后印版结构如图 4-24、图 4-25 所示。

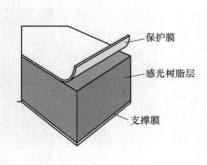

图 4-24　感光树脂版版材结构

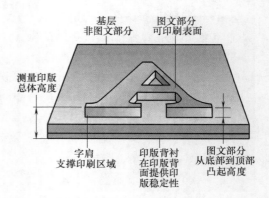

图 4-25　感光树脂版凸版结构

在行业内，通常将以柔版为版材的印刷方式称为柔性版印刷，简称柔版印刷；以树脂凸版为版材的印刷方式称为凸版印刷。

柔版制版所需的柔版版材，根据树脂成型方式可分为固体型和液体型两种。由饱和性感光树脂组合而成的固体型版材操作简单方便，平整度较好，尺寸稳定，质量好，适于制作印刷质量要求较高的印件，但是成本比较高。由不饱和聚酯型树脂组成的液体型为即涂型版材，制版时需要将配制的感光性树脂液体涂浇在底基上。液体感光树脂版比固体树脂版光交联速度快，容易冲洗，因此制版速度快。但液体版分辨率较低，适于印制质量要求不高的印件。液体版在国内使用较少，但在一些比较注重环保的国家，液体版的使用率较高，特别是在瓦楞纸箱印刷方面液体版占有很大的市场。

柔版版材根据显影方式不同，又可分为溶剂型、水洗型和热敏型三种。溶剂型版材在显影过程中需要使用溶剂才能将未曝光的树脂洗去；水洗型版材在显影过程中只需使用水溶液（或水＋中性洗衣液）就可将未曝光的树脂洗去；热敏型版材在显影过程中是通过无纺布将未曝光的又被软化的树脂从版材上剥离除去。以上三种版材中，水洗型柔版版材最为环保。

本节内容主要介绍固体水洗型柔版的制版工艺。

目前柔版制版工艺主要有传统的胶片制版工艺和数字化柔版制版工艺两种。

（1）胶片制版工艺　胶片制版工艺是指印前版面信息通过激光照排机输出阴图胶片，然后将阴图胶片覆盖在传统感光性树脂柔版版材上，通过紫外线对覆盖着阴图片的版材进行曝光，见光部分的感光树脂发生交联反应，生成不溶性物质。未见光部分的感光树脂在显影时被溶剂或水冲洗掉，经处理后，最终形成图文部分凸起的柔版印版。制版工艺过程如图 4-26。

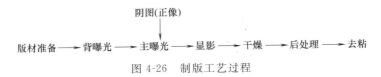

阴图(正像)

版材准备 ——→ 背曝光 ——→ 主曝光 ——→ 显影 ——→ 干燥 ——→ 后处理 ——→ 去粘

图 4-26 制版工艺过程

① 版材准备。根据阴图尺寸裁切版材，裁切时保护膜向下。

② 背曝光。将裁切好的版材放置在制版设备中，启动光源（紫外线光源），对版材背面进行曝光，以形成印版底基。

③ 主曝光。背曝光之后，应马上揭去柔版正面的保护膜，随后将阴图底片的膜面和柔性印版的感光层密合，抽真空使其完全密合。启动光源，在紫外光照射下，图文部分的树脂层发生光聚合反应，生成不溶性的物质，构成图像。主曝光是决定凸起图文质量的关键因素。

④ 显影（冲洗）。曝光后，印版上留有图文的潜影，版面仍然是平坦的，需要通过显影，用碱性水溶液，并借助毛刷将未曝光部分的树脂去除，而曝光部分的树脂硬化后不溶于显影液仍被留在版面上，从而成为凹凸状的印版。

⑤ 干燥。印版从冲洗装置中出来后，通常是膨胀、粘而软的，需要在烘箱内进行干燥，以便将版材内吸收的溶液排除，恢复版材原有的特性及厚度。

⑥ 后曝光。干燥后再用紫外光源对印版进行一次全面、均匀的曝光，目的是使印版彻底固化，以达到最终应有的硬度，并增加版面对油墨、溶剂的抵抗力，提高印版的耐磨性。

⑦ 去粘。用去粘光源对版面进行照射，以除去版面的粘性，增强印版的着墨能力。

胶片制版工艺成像原理见图4-27所示，柔版制版设备见图4-28所示。

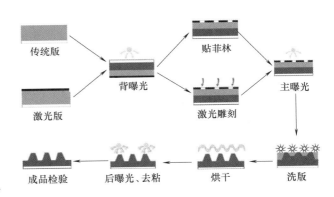

图 4-27 胶片制版工艺成像原理

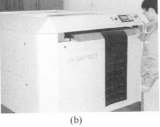
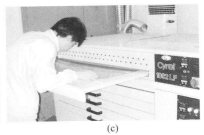

(a)　　　　　　　　　　(b)　　　　　　　　　　(c)

图 4-28 柔版制版设备

(a) 曝光　(b) 冲洗　(c) 干燥

（2）数字柔版制版工艺　数字柔版制版工艺与传统制版工艺最大的区别在于不再需要胶片来传递影像，影像直接成像在数码柔版版材上，这使网点还原性及阶调再现范围得到大幅度提高，使柔版印刷印制 175 线/in（70 线/cm），甚至更高的产品成为可能，柔版印刷品质量得以大幅度提高。

数字柔版制版工艺，根据成像原理的不同，大致可以归纳为三种类型：激光直接成像制版工艺、热敏胶片覆合制版工艺、激光直接雕刻制版工艺。

① 激光直接成像。激光直接成像是指利用激光直接成像设备，将图文信息直接曝光在数码柔版版材上，然后再对印版进行传统的制版处理，最终形成柔版印版的工艺过程。激光直接成像制版工艺是柔印行业内应用最广泛的制版工艺。工艺过程如图 4-29。

激光直接成像设备◀━━图文信息

版材准备━━▶ 背曝光━━▶ 激光曝光━━▶ 主曝光━━▶ 显影━━▶ 干燥━━▶ 后曝光━━▶ 去粘

图 4-29　柔印制版工艺流程图

a. 激光成像。数字信息，通过 RIP 发送至激光直接成像设备。成像时，发出的红外激光照射到涂有黑色涂层的数码柔版上，与图文对应的黑色涂层在激光束的作用下被烧蚀并蒸发，裸露出下面的感光层，未被烧蚀部分（非图文部分）保留黑色涂层。然后对印版进行传统的主曝光，在非图文部分，由于有黑色涂层挡住了光线，不发生光聚合反应，而图文部分的感光层则发生光聚合反应。然后进行与传统制版方法相同的曝光、冲洗、干燥、后曝光等加工步骤。形成凸起的柔版印版。数码柔版版材及直接成像设备见图 4-30、图 4-31 所示。

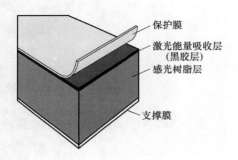

图 4-30　数码柔版结构

图 4-31　直接成像设备

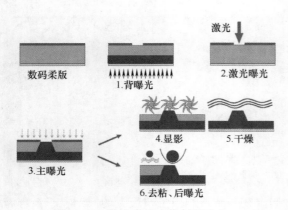

图 4-32　数字直接成像制版工艺

b. 制版工艺。激光直接成像制版工艺，除激光曝光外，其他过程与传统工艺相同。具体过程及成像后的版材见图 4-32、图 4-33、图 4-34 所示：

② 热敏胶片覆合制版工艺。热敏胶片覆合制版工艺与数字直接成像相似，不同之处在于，数字直接成像是在涂有黑色涂层的数码版材上成像，而热敏胶片覆合制版工艺是在涂有黑色涂层的热敏胶片上成像，成像后的热敏胶片再覆合至柔性版材上。热敏

胶片覆合制版工艺过程及设备见图 4-35、图 4-36、图 4-37 所示。

图 4-33　激光曝光后的数码版

图 4-34　最终制成的柔版印版

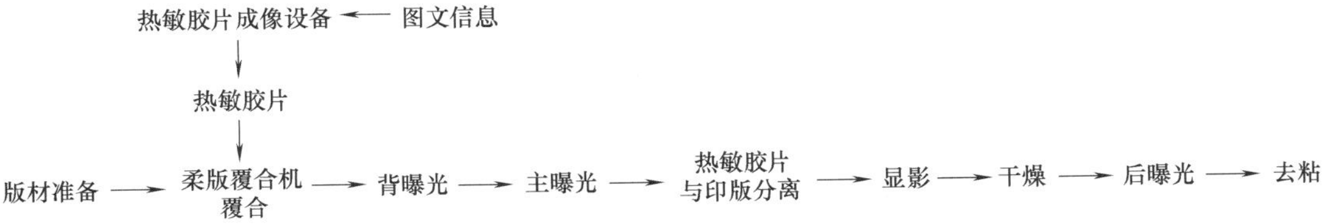

热敏胶片成像设备 ←── 图文信息

　　　↓

热敏胶片

　　　↓

版材准备 ──→ 柔版覆合机覆合 ──→ 背曝光 ──→ 主曝光 ──→ 热敏胶片与印版分离 ──→ 显影 ──→ 干燥 ──→ 后曝光 ──→ 去粘

图 4-35　热敏胶片覆合制版工艺

图 4-36　热敏胶片成像设备

图 4-37　热敏胶片与柔版覆合设备

　　热敏胶片柔版制版的技术特点是，生成的网点是"平顶网点"，相比于传统"子弹头"网点，"平顶网点"更加锐利清晰，即使遭受过大的印刷压力，也能保持网点再现的一致性。传统"子弹头"网点与热敏胶片柔版制版生成"平顶网点"如图 4-38、图 4-39 所示。

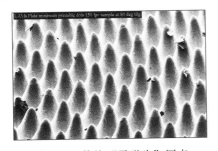

图 4-38　传统"子弹头"网点

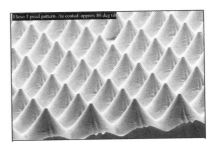

图 4-39　平顶网点

　　③ 激光直接雕刻制版工艺。激光直接雕刻技术主要应用在柔版印刷的两个方面：激光雕刻陶瓷网纹辊和激光直接雕刻制版。

激光雕刻技术在柔版印刷机陶瓷网纹辊制作工艺中的应用，使高网线网纹辊的制作得以实现，并使网纹辊传墨质量提高，使用寿命也大大延长。

激光雕刻技术在柔版领域的另一个重要应用在制版方面。激光雕刻无接缝印版实现了柔版印刷的连续印刷，将柔版印刷扩展到了更广泛的包装印刷领域。而利用激光在感光树脂材料上直接制版技术的应用和推广，为柔版印刷最终实现高品质创造了条件。

激光直接雕刻技术，最初只是在由橡胶材料制成套筒式印版上雕刻一些线条和文字，由于材料的限制，雕刻网线不高，雕刻的印版套筒只能印刷一些实地或简单文字，例如香烟水松纸和练习簿的线条、包装纸、壁纸等。

近几年，为了实现更高网线数连续图案的印刷，世界几大柔版材料制造商相继研制出可以采用激光进行雕刻的树脂材料及配套的激光直接雕刻设备，制得的印版网线可达 200 线/in（80 线/cm）以上，能再现出 1％网点百分比，高精度的激光直接雕刻制版工艺将是今后柔版制版的发展方向。

激光直接雕刻（Direct Laser Engraving，英文缩写 DLE），其制版原理是：数字信息通过输出控制系统发送至激光直接雕刻设备。雕刻时，发出的激光照射到柔版版材上，空白部分对应的版材由激光能量直接去除，雕刻下来的粒子由抽气装置去除。留下的图文部分通过独特的合成反应生成固化程度更高的凸起网点，雕刻完毕即成印刷版。

激光直接雕刻制版工艺，不再需要背曝光、主曝光、显影等一系列的制版设备，大大简化了制版工序，缩短了制版时间，而且不再排放 VOC（挥发性有机化合物）和溶剂，降低了能耗和温室气体的排放。

激光直接雕刻制版系统在材料、设备等方面的高成本，在一定程度上影响了该技术在我国的应用和发展。

激光直接雕刻制版设备及激光雕刻印版滚筒见图 4-40、图 4-41 所示。

图 4-40　激光直接雕刻设备

图 4-41　激光雕刻印版滚筒

4.2.2　柔性版印刷

柔性版印刷是指利用柔性印版，并通过网纹传墨辊传递油墨的凸版印刷方式。它是目前凸版印刷中最有发展前途的印刷方式。

（1）柔性版印刷机　柔性版印刷机，是使用卷筒纸印刷的轮转机。印刷部分一般由 2 至 8 个机组组成，每个机组为一个印刷单元。按照机组的排列方式，分为卫星式、层叠式和并列式。

卫星式柔性版印刷机（图 4-42），几个印刷单元排列在压印滚筒的周围。这种印刷机，套印准确，印刷精度高，但只能进行单面印刷。

层叠式柔性版印刷机（图 4-43），是在主机的两侧，将单色机组相互重叠起来，进行印刷。每一单色机组匀有独立的压印滚筒，各机组都由主机齿轮链条传动。这种印刷机，可以进行正、反面印刷，机组间的距离能够调整，检修某一单色机组时，不需要停机，部件的调换和洗涤也很方便。但套印精度差，不适宜印刷伸缩性较大或较薄的承印材料。

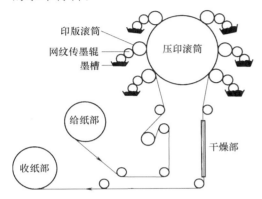

图 4-42　卫星式柔性版印刷机

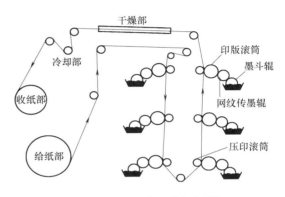

图 4-43　层叠式柔性版印刷机

并列式柔性版印刷机（图4-44），各单色机组独立分开，机组间按水平的直线排列，由一根公用轴驱动。这种印刷机，印刷质量好，操作方便，但占地面积较大。图 4-45 所示的是窄幅柔性版印刷机实样（并列式）。图 4-46 所示的是宽幅柔性版印刷机实样（卫星式）。无论

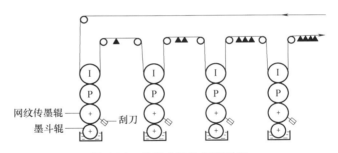

图 4-44　并列式柔性版印刷机

哪一种柔性版印刷机，主要由输卷部分、印刷部分、干燥部分、复卷部分等组成。

图 4-45　窄幅柔性版印刷机实样（并列式）

图 4-46　宽幅柔性版印刷机实样（卫星式）

① 输卷部分。柔性版印刷机的输卷部分，是由设在装纸轴内的卡纸机构或轴内的气胀机构，通过光电管探测头来控制输纸的。在输纸时，必须使纸张呈直线状进入印刷部分，而且要求当印刷机转速变动或停机时，卷筒纸的张力能消除纸张上的褶皱并防止纸张下垂。

② 印刷部分。柔性版印刷机，每一印刷机组，都是由印版滚筒、压印滚筒、供墨系统组成。

供墨系统是柔性版印刷机组的核心，柔性版印刷机的供墨系统与普通的凸版、平版印刷机不同，它是由金属网纹辊与金属（或硬度较高耐磨性好的高聚合物材料）刮墨刀组成的"短墨路"输墨系统。

网纹传墨辊，是柔印机的供墨辊，其表面有凹下的墨穴或网状槽线，这些墨穴或线槽是用于印刷时控制油墨传送量的。采用网纹辊不仅简化了输墨系统的结构，而且可以控制墨层厚度，为提高印品质量提供了重要保证，被人们誉为柔印机的心脏。网纹辊的质量与线数对传墨量的多少，以及墨层厚度的均匀性有重要影响。

网纹传墨辊主要通过电子雕刻或激光雕刻制取，网纹辊的质量，直接关系到供墨效果和印刷质量。网纹辊网穴的结构形状有尖锥形、格子型、斜线型、蜂窝状形等，现在用的较多的是蜂窝状网穴。按照网纹辊表面镀层或涂层材料，有镀铬辊和陶瓷辊两种。

镀铬金属网纹辊，造价较低，网纹密度（即网纹线数）可达 200 线/in（80 线/cm）以上。耐印力一般在 1000～3000 万次。

陶瓷金属网纹辊，是在金属表面有陶瓷（金属氧化物）涂层，耐磨性高出镀铬辊20～30 倍，耐印力可达 4 亿次左右，网穴密度可高达 600 线/in（240 线/cm）以上，适合印刷精细彩色印刷品。

刮墨刀起到刮除网纹辊表面多余油墨的作用。为了保证供墨效果和提高网纹辊的使用寿命，要调整好刮墨刀与网纹辊形成的角度，一般控制在 30°～40°。

柔性版印刷机的印版滚筒一般采用无缝钢管。根据滚筒体结构特点的不同，印版滚筒主要的两种形式，即整体式和磁性式。

采用整体式的滚筒结构，对于卷筒纸柔性版印刷机，装版时需用双面胶带将印版粘贴在印版滚筒体表面。

磁性式印版滚筒的表面由磁性材料制成，而印版基层为金属材料。装版时将金属版基的印版靠磁性吸引力直接固定在印版滚筒上。

压印滚筒是一个光面的金属滚筒，其作用是使承印材料与柔性版轻轻接触，达到油墨转移的目的。

柔性版印刷机每个独立的印刷机组除印刷外，还具有横向、纵向的套准校正，自动控制网纹辊位置及印版滚筒的离合压装置，并自动保持其套准位置等多种功能。当停机时，辅助马达还可保持网纹辊匀速转动，防止油墨干涸。网纹传墨辊及刮墨系统见图 4-47。

图 4-47　网纹传墨辊及刮墨系统

③ 干燥部分。柔性版印刷机附有干燥设备，有机组间干燥和后部总干燥两种方式。按照印刷产品及使用的油墨，可分别选用红外线、紫外线干燥单元，亦可选用紫外线和红外线混合型干燥单元，还可以采用冷或热吹送系统对印张进行干燥，防止发生"混色"和墨迹粘脏的故障。

④ 复卷部分。柔性版印刷机的收纸部分即复卷部分，是在普通的轴承上装有一根轴，通过铁心夹盘固定住卷纸辊，复卷印刷后的印张。

目前，许多柔性版印刷机配备了切割分卷或模切加工的设备，使柔性版印刷机的生产效率更高。

（2）柔性版印刷工艺　柔性版印刷使用高弹性的凸版，质地柔软。印刷时，印版直接与承印物接触，印刷压力较轻。所以对柔性版的平整度要求比金属版的要求要高。影响印版平整度的因素，除了印版本身的平整度以外，还要注意印版版基、印版滚筒的整洁和平整度。

① 清洗印版滚筒和印版版基。在粘贴印版之前，先要用细纱布把印版滚筒表面及印版版基上的油迹、污脏及感光聚合物残痕等全部清洗掉。

② 粘贴印版。按照印版的位置将双面胶带粘贴到印版滚筒上，然后，把柔性印版按定位位置排列粘贴在印版滚筒的胶带上。印版贴好后，其周围边缘需加密封胶，防止印刷或清洗印版时油墨和溶剂侵蚀粘版的双面胶带，避免发生印版与滚筒之间脱壳现象。

③ 印刷。高流动性的油墨从容器中被转移到橡皮辊上，然后转移到网纹传墨辊上。网纹辊表面有许多细小的凹槽，用来吸附油墨。多余的油墨则用刮刀刮除。留在网纹辊凹槽中油墨，随后转移到凸版上的柔软版面的图像区域。这个印版上的油墨区就在承印材料上形成一个印痕，轻压印痕接触在平滑的印刷辊上，就完成了油墨的转移。最后，油墨用烘箱或用紫外线辐射，进行快速干燥。

4.2.3　柔性版印刷应用

（1）柔性版印刷特点　与凹版印刷、平版印刷以及传统的凸版印刷相比，柔性版印刷具有自己鲜明的特点：

① 墨层厚实、墨色一致。柔印的墨层虽薄于凹印但比胶印厚，这对于印刷包装产品常见的大面积色块非常有利。由于采用网纹辊传墨，一般来说，如果纸张情况不变、水墨情况不变，则不论是同批次产品还是不同批次的产品之间的墨色均能保持一致，这正是包装印刷的最基本要求，而这也是胶印方式所不易做到的。

② 设备投资少，见效快，效益高。由于柔性版印刷机的传墨装置简单，印刷机成本较凹印机投资少，但它却能做凹版印刷的工作。与凹印相比制版周期短且制版费用低，耗墨量比凹印少，印刷速度快，机组式窄幅柔印机最高印刷速度可达每分钟150m，卫星式宽幅柔印机最高印刷速度可达每分钟250m，废品率低于凹印和胶印。此外，柔性版印刷机集印刷、模切、上光等多种工序于一身，多道工序能够一次完成，可以在印刷机组上增加打号码、烫金或丝网印刷单位，设备综合加工能力强，具有很高的投资回报性。同时也避免了工序之间周转带来的浪费，大大缩短了生产周期，节省了人力、物力和财力，降低了生产成本，提高了经济效益。

③ 操作及维护简便。柔性版印刷机采用网纹传墨辊输墨系统，与胶印机和凹印机相

比，省去了复杂的输墨机构，从而使印刷机的操作和维护大大简化，输墨控制及反应更为迅速。另外，印刷机一般配有一套可适应不同印刷长度的印版滚筒，特别适合规格经常变更的包装印刷品。

④ 适印介质广泛。柔版印刷机可印刷各类纸张，并且还可以印刷铝箔、塑料薄膜、不干胶纸、不干胶膜、玻璃纸、金属箔及纺织品等。

⑤ 绿色环保。柔性版印刷广泛采用无毒的水性油墨印刷，柔印水墨是目前所有印刷方式中唯一经美国食品药品协会认可的无毒油墨。因而，柔版印刷又被人们称之为绿色印刷，被广泛用于食品和药品包装。

⑥ 轻压印刷。柔版印刷压力一般很小，几乎接近无压印刷，所以柔版的耐印率相对较高。

与平版胶印相比，目前柔版印刷品的精细度还稍有欠缺，影响柔版印刷质量因素也较多，印版制作、承印材料等成本也比胶印要高些。

柔版印刷时，如果压力掌握不好，会使版面受力不均，文字线条易出现边缘效应，有一个明显的硬口。柔版印刷品的印迹特征见书后彩图 12。

（2）柔版印刷应用范围　柔性版印刷具有一般凸版印刷的特点，另外，由于它的印版具有柔软性，使它的应用范围变得更加广泛。

① 软包装印刷：乳品、饮料等纸质软包装，一次性医疗用品包装袋、食品包装纸、无纺布、塑料袋、薄膜包装等；

② 标签印刷：不干胶标签、胶带等；

③ 纸容器印刷：折叠箱、组合箱、集装用纸箱、纸杯、瓦楞纸箱等；

④ 报刊印刷：主要应用于报纸印刷。

4.2.4　凸版印刷

GB/T 9851.1—2008，5.8 对凸版印刷定义：凸版印刷（Letterpress）是指"用图文部分高于非图文部分的印版进行印刷方式。分为直接凸版印刷和间接凸版印刷。"

直接凸版印刷：用金属印版或感光树脂凸版进行直接印刷的方式。

间接凸版印刷：使用凸版通过中间转移体将油墨转移到承印物上的印刷方式。印刷时先将凸版版面上凸起的图案或文字转移到橡皮布上，再由橡皮布将图案转移到承印物上，所以它也被称作凸版胶印。间接凸版印刷主要适用于牙膏、药膏等的软管印刷。间接凸版印刷产品见图4-48所示。

图 4-48　间接凸版印刷产品

（1）凸版印刷特点　凸版印刷是最古老的印刷技术，凸版印刷又是一门机械技术。因为凸版印刷油墨粘度大，黏结力强，印刷时必须使用相对较高的压力，才能将油墨从质地坚硬的凸版传递至承印物上。由于印刷压力大，所以凸版印刷品的背面有轻微的凸痕，线条或网点边缘部分线划整齐，笔触有力，并且印墨在中心部分显得浅淡。印刷过程中，油墨能挤入纸张表面的细微空隙内，即使纸张比较粗糙，印刷品仍能达到轮廓清晰、墨色浓厚的效果。因此，凸版印刷能够使用比较低级的纸张。凸版印刷品印迹特征见书后彩图 13。

凸版印刷的印版有刚性印刷版和感光树脂凸版两种，刚性印版主要由铅、锡和锑的合金制成的金属印版。感光树脂凸版制版过程类似柔性版制作，只是硬度比柔版大，版材本身有版基，如铝版基、塑料版基、树脂版基等，所以制版过程不需要背曝光。

由于凸版印刷速度有限，且不环保，在国外已被柔版印刷所取代。在我国凸版印刷应用范围也较小，主要用于标签印刷、票据印刷及个性化的凸版纸制品等领域。个性化的凸版纸制品商店在欧美等国家也还相当流行，在美国商品网站 Etsy、国内淘宝网上也有类似的凸版纸制品商店。国外凸版纸制品商店及国外个性化凸版作坊如图 4-49、图 4-50 所示。

图 4-49　国外凸版纸制品商店

图 4-50　国外个性化凸版作坊

（2）凸版印刷机　凸版印刷机按压印方式，有平压平印刷机、圆压平印刷机和圆压圆印刷机三种类型。

① 平压平印刷机。平压平印刷机是压印机构和装版机构呈平面型的印刷机。印刷时，印版和压印平板全面接触，压盘的下面有一支点，以支点为中心，压盘可以自由开闭。开时输纸、闭时印刷，再开时收纸、输纸连续动作完成一次印刷。完成一个印刷过程需要的时间较长，印刷速度是三种加压方式中最慢的，因此只适合印刷量少且幅面不大的印刷品。由于平压平式的压印方式必须施加很大的压力，所以这种印刷机常被用于印后加工，如压痕、模切、烫金等。平压平印刷机结构示意见图 4-51。

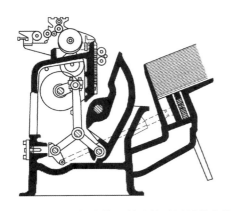

图 4-51　1914 年海德堡制造的平压平凸印机

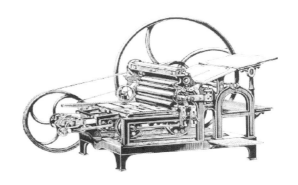

图 4-52　1811 年发明的钢质自动滚筒凸印机

② 圆压平印刷机。圆压平印刷机是压印机构呈圆筒型、装版机构呈平面型的印刷机。印刷时压印滚筒的圆周速度与版台的平移速度相等，压印滚筒叼纸牙咬住纸张并带着旋转，当压印滚筒与印版呈线接触时加压，完成印刷。圆压平印刷机结构示意见图 4-52。

③ 圆压圆印刷机。圆压圆印刷机是压印机构和装版机构均呈圆筒型的印刷机。印刷时压印滚筒上的叼纸牙咬住纸，当印版滚筒与压印滚筒滚压时，印版上的图文便转移到纸张上。圆压圆印刷机也称轮转印刷机，是凸版印刷中使用最广的印刷机。轮转印刷机最大的特点是印刷速度快，所以这类印刷机主要用在印量大的报纸、期刊、书籍等新闻印刷领域，及表格、标签等商业印刷领域。圆压圆印刷机结构示意见图 4-53、图 4-54。

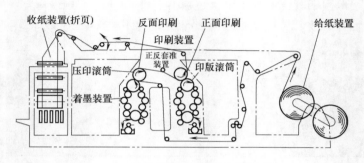

图 4-53　平版纸单面双色圆压圆印刷机

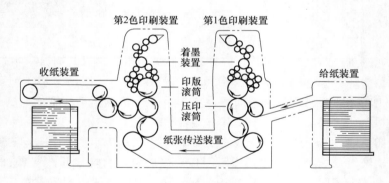

图 4-54　卷筒纸双面单色圆压圆印刷机

（3）凸版印刷工艺　凸版印刷工艺流程和柔性版印刷工艺相似，主要流程为：

装版前的准备→装版→印刷→质量检查

① 装版前准备

印刷每一件产品都需按施工单的要求进行，了解清楚施工单的需求以后，才可以进行准备工作。首先对印版、纸张、油墨进行检查，核对是否符合要求，然后检查机器是否调整完毕，准备好后即可装版。

② 装版。根据印刷要求，合理安排印版位置，把印版紧固在版台或印版滚筒上。由于凸版印刷机种类较多，印版的形式以及厚度都不相同，所以固定印版的方法也不一样。有的用小铁钉把版订在底板上，有的是用螺丝把印版紧固在印版滚筒上，而感光树脂凸版，一般是用双面胶纸直接粘在印版滚筒上。

③ 印刷。装版结束后，要作好开印前的准备工作，才能印刷。准备工作包括：堆好

待印的纸张，核对版样、开印样，检查文字质量，防止坏字、断笔缺划等问题。检查规格尺寸是否符合规定的要求，检查印版的紧固情况，防止印刷中印版的松动。

在开机印刷过程中，要随时抽样检查印刷品的质量，如：有无上脏、走版、糊版、掉版等现象，发现问题及时处理。

4.3　凹版印刷

GB/T 9851.1—2008 对凹版印刷定义：凹版印刷（Gravure Printing）是指"印版的图文部分低于非图文部分的印刷方式。"

4.3.1　凹版制版

凹版印刷的印版与凸版、平版都不同，凸版和平版都是以网点面积的大小或疏密来表示图像阶调层次的，而凹版印版是依靠下凹网穴深浅或开口面积大小来表现图像阶调层次。

网穴即指凹版上的贮墨凹坑，依印刷墨量的需要改变凹坑的开口和深度。凹版上印刷部分网穴容积越大，填墨量就很多，印刷后印品上的墨层就越厚。而印刷部分网穴容积越小，填墨量就少，转印到印品上墨层就薄。墨层厚的部位，就显得图像浓暗，墨层薄的部位，就显得明亮。由于凹印的墨层一般较厚，因此，印品上图像一般都有微微凸起的感觉。

在凸印版和平印版上，网线是不可见的，且当相邻网格内的网点都达到 100％ 的面积率时，网点会连成一片。但是，在凹印版上就有所不同，网格线虽然也看不见，但是实际上是有网墙存在的。

网墙是用于分隔网穴并支撑凹印刮墨刀的基体。网墙在凹版印刷中的作用主要表现为两方面：一是支撑凹印机的刮墨刀，防止它将应保留在网穴中的油墨刮去；二是防止印刷过程中油墨在网穴间流动。由于网墙存在，在凹印版上通常是不存在面积率达到 100％ 的网点区域。凹版与平版网格结构比较如图4-55 所示。

凹版印版上的网穴有三个可变的自由度：网穴下凹深度、网穴开口面积和网穴开口形状，制作印版时，可以通过这三个自由度的变化来改变网穴储墨容积，以便再现图文的深浅变化。

凹版印版通常有 4 种类型的凹版网穴，即：

a. 网穴下凹深度变化，开口面积不变。

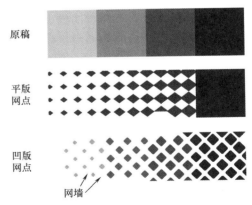

图 4-55　凹版与平版网格结构比较

这是最典型的凹版网穴，常被称为"经典凹版"或"传统凹版"。该类网穴通过改变网穴凹下深度再现图像阶调层次变化。图像颜色深处网穴凹下就深，而颜色浅处网穴凹下就浅，网穴面积始终不变。由于网穴面积相同，故网墙的厚度是相同的。

b. 网穴下凹深度不变，开口面积变化。该类网穴通过改变网穴开口面积来再现图像的阶调变化，颜色深处网穴面积大，而颜色浅处网穴面积就小，网穴凹下深度不变。此类网穴特点，类似于胶印网点的图像再现原理，所以此类凹版也称为"网点凹版"。

c. 网穴下凹深度、开口面积同时变化。这种网穴是目前最常见的网穴类型，其网穴特点是：颜色深处网穴开口面积和凹下深度都大，颜色浅处网穴开口面积和凹下深度都小。

d. 调频网穴。将调频加网的原理应用到凹版上，可以生成调频网穴凹版。其网穴特点是：在凹印版上网穴出现的空间位置随机变化，但网穴面积相同。为了在图像的暗调区域不出现面积无网墙"地带"，调频网穴的空间位置应受到合理的控制，不能完全随机。

以上四种网穴类型，可以通过电子雕刻制版和激光雕刻制版获得。

四种网穴类型平面图如图 4-56 所示。

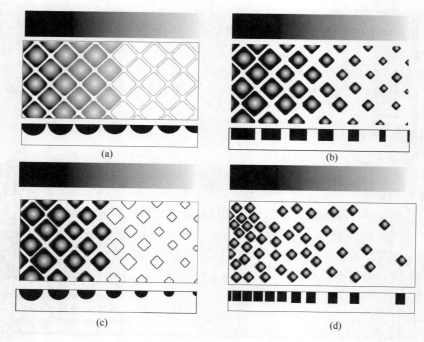

图 4-56　凹版网穴类型
（a）深度可变型　（b）面积可变型　（c）深度面积可变型　（4）调频网穴型

通常，凹版印刷的印版不是预先制好安装在版台或印版滚筒上，而是在印版滚筒上直接制作，然后把制好版的印版滚筒安装在印刷机上进行印刷。

印版滚筒有敞开式的空心滚筒和封闭式的实心滚筒两种，滚筒的长度和周长是根据凹版印刷机的尺寸大小设计加工的。

（1）印版滚筒结构　凹版印版滚筒主要由以下几个部分组成：

① 滚筒体：也称为辊芯，是印版滚筒的支撑体，它是由铁质或铝质的空心滚筒或实心滚筒制成。滚筒的直径和长度由印刷机的规格确定。

② 镍层：镍层的主要作用是为了铜壳能牢固地结合在滚筒体表面。

③ 底层铜壳：也称为保护铜层，这部分铜层的作用是为了延长印版滚筒的使用寿命和提高印版滚筒的使用性能。

④ 分离层：分离层的主要作用是为了在印刷结束后能顺利地从滚筒上剥离制版铜层。

⑤ 外层铜壳：也称制版铜层，主要是供制版形成网穴和印刷使用。它只供一次使用，制作新的印版滚筒时，必须将旧的外层铜壳剥离掉，重新电镀，以得到新的制版滚筒。

⑥ 铬层：印版滚筒制作完毕后，为了进一步提高印版表面的硬度、耐磨性、化学稳定性等印刷适性，在上机前要进行镀铬处理。

凹版滚筒结构如图 4-57 所示。

（2）电子雕刻制版　电子雕刻制版是利用机械电磁式雕刻机，通过钻石刻针振动的强弱，在铜滚筒表面直接雕刻出网穴的一种凹版制版方法。这种技术所形成的网穴，具有深浅和面积同时变化的特性。该技术是目前最为应用的凹版制作技术。

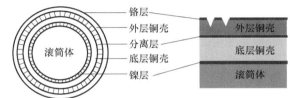

图 4-57　凹版滚筒结构示意图

数字化的凹版制作系统具有灵活的数据输入、处理和雕刻设备配置，系统中的大幅面彩色版式打印机可以在雕刻之前打印出版面样张，供校对使用。当所有凹版版面雕刻信息完全正确后，电子雕刻机才在凹版滚筒上雕刻输入。用电子雕刻凹版印制的印刷品，画面细腻，层次丰富，质量容易控制，该技术被广泛地应用于包装印刷、建材印刷和纺织品印刷中。电子雕刻制版工艺流程如图 4-58 所示。

图 4-58　电子雕刻制版工艺流程

① 电子雕刻机。电子雕刻机简称电雕机，是一种将光信号或数字信号，通过光电转换（数模转换）和电磁转换变成机械运动的机械式电子雕刻设备。根据雕刻头的数量不同，电子雕刻机有单雕刻头雕刻机和多雕刻头电雕机，如图 4-59 所示。

电子雕刻机工作时，首先是将加工后的版辊定在电雕机卡盘和顶尖之间，让其在计算机的控制下作匀速运动，把前段工序的图文信息转变为电磁震荡，从而驱动电子雕刻针（材料为金刚石，形状为三棱体）。在凹版滚筒转动期间，带钻石的雕刻刀做切向滚筒表面的往复振动，振动频率为每秒数千次。雕刻刀的切入深度依图像明暗而变化，也就是说，

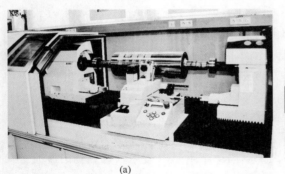
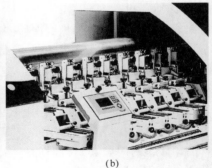

(a)　　　　　　　　　　　　　　　　(b)

图 4-59　电子雕刻机
（a）单头电雕机　（b）多头电雕机

在图像光学密度高处，刀的切入深度深，形成的网穴开口面积和深度都较大；反之，在图像光学密度较小处，雕刻刀的切入深度小，形成的网穴开口面积和深度浅。雕刻刀雕刻出来的铜屑被吸掉，网穴开口边缘的毛刺被刮除。电子雕刻针除有上述运动外，同时，它还沿滚筒体的轴向方向作慢速的匀速运动。电子雕刻机的雕刻头及雕刻头工作系统如图4-60、图 4-61 所示。

图 4-60　电子雕刻机的雕刻头

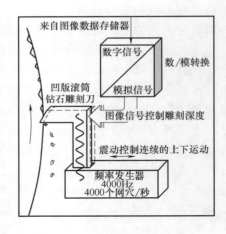

图 4-61　雕刻头工作系统

　② 电雕网穴。电雕机所雕刻的网穴是通过控制电雕机滚筒转动的速度和雕刻头的横向进给速度，与雕刻频率相匹配来控制的。电雕网穴如图 4-62 所示。

　a. 网穴形态。常规电雕机，雕刻头振动 1 次生成 1 个倒金字塔形的网穴，网穴的形态取决于雕刻刀的角度、滚筒的转速和雕刻头的横向进给速度。

　由于受电子雕刻针形状和雕刻方式的限定，电子雕刻机所形成的网点体型是一个三面体，如图 4-63 所示。

　b. 网穴角度。为了在彩色印刷复制中避免产生龟纹，减小印刷过程中的颜色波动，必须对分色印版设定不同的网线角度。由于电子雕刻机受雕刻方式所决定，网线角度一般只能在 30°～60°调节。因此可以通过在 30°范围内改变网穴角度或改变各色版的网线数，来达到解决龟纹的目的。

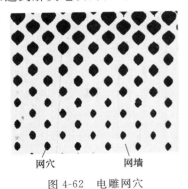

网穴　　　　网墙

图 4-62　电雕网穴

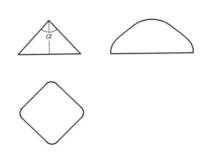

图 4-63　电雕网穴三视图

在凹版电子雕刻中，网线角度的变化，是通过将网穴开口拉长、压扁的方法实现的。

网穴角度可以定义为具备共同邻边的网格（网穴）中心点连线与水平方向之间的夹角。如图 4-64 所示，网穴开口等边长的网穴排列为 45°，压扁开口的网穴小于 45°，而拉长开口的网穴大于 45°，图 4-65 是四色版网角相叠示意图。

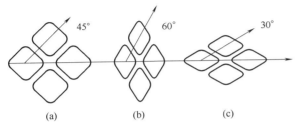

(a)　　　　　　　(b)　　　　　　　(c)

图 4-64　电雕网穴角度

（a）方形网穴　（b）长菱形网穴　（c）扁菱形网穴

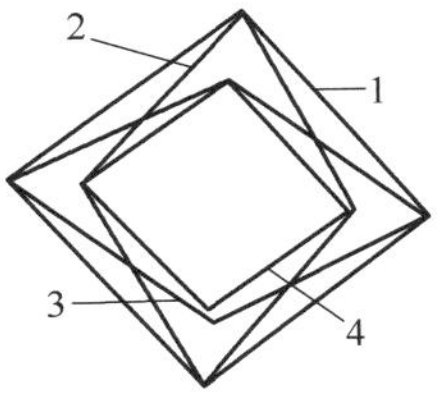

图 4-65　四种网角叠印示意图

c. 网穴线数。网穴线数是指在网穴角度重合的直线上分布的网穴数，随着网穴角度的变化，垂直方向的网穴数和水平方向的网穴数也随之变化。

电子雕刻机通过控制滚筒转动的角速度和雕刻头的横移速度、雕刻频率及滚筒半径匹配，达到所需的网穴纵向中心间距和横移步距，即可正确控制所需的加网线数和网线角度。

网穴线数的高低会影响所雕刻网穴的深度和宽度。具体关系如表 4-1 所示。

表 4-1　　　　　　　　　　　　网线数与网穴深度和宽度的关系

线数/(线/cm)	48	55	60	65	70	75	80	85	100
宽度/μm	320	210	180	155	145	130	125	115	110
深度/μm	47	40	36	31	30	28	24	23	19

③ 超精细雕刻技术。常规电子雕刻机的每个网穴一次雕刻完成，这种雕刻技术可以实现 100～350 线/in（40～140 线/cm）的雕刻网线数，实际应用中一般较多采用 175～200 线/in（70～80 线/cm）的网线数。由于每个网穴都有深浅变化，使得所雕刻的图像阶调层次和色彩再现质量高。但电子雕刻技术在文字和精细图形的雕刻方面不具备优势。常用的 175～200 线/in（70～80 线/cm）雕刻分辨率不足以完美再现文字轮廓，易出现锯

齿边等不良现象。

　　超精细雕刻技术针对常规电子雕刻技术的局限性，通过多行雕刻一个网穴组合而成。由于摆脱了网穴形状和角度受"每次一穴"方式的束缚，可以更自由地生成不同加网角度和开口形状的网穴，甚至可以进行调频加网的处理，最终实现调频加网凹版复制。这一雕刻技术大大提高了雕刻分辨率。可达几千分辨率，如 508 线/in（203 线/cm）雕刻分辨率可用于包装印刷，5080 线/in（2032 线/cm）雕刻分辨率可用于防伪等印刷。超精细雕刻技术能极大减少文字、线条、图形等边缘的"锯齿边现象"。超精细雕刻网穴示意图及效果见图 4-66、图 4-67 所示。

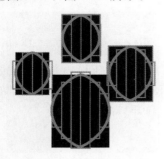

图 4-66　超精细雕刻网穴

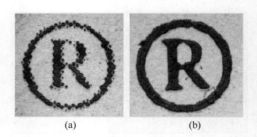

(a)　　　　　　　(b)

图 4-67　常规雕刻与超精细雕刻精度比较
(a) 254dpi　(b) 508dpi

　　（3）激光雕刻制版　激光凹版雕刻是应用一路或多路高能激光束，在滚筒表面的待雕刻材料（金属层或基漆层）上，烧蚀出网穴或露铜的网穴形状，直接形成网穴印版，或为后续加工网穴做好准备。

　　激光雕刻制版技术所雕刻的网穴深，且网穴角度变化不受制约，网穴结构形式多样，特别能雕刻出高清晰度的文字版和极细的线条防伪版，也能雕刻出深而宽的网穴类型，所以激光雕刻制版技术比较适用于防伪印刷、实地满版印刷产品及压纹产品（如皮革压纹、包装纸压纹）中。

　　根据滚筒表面待雕刻材料的不同，激光雕刻凹版制版技术主要有以下几种：一种是激光刻膜再腐蚀技术，第二种是激光雕刻金属锌层技术，第三种是激光铜层雕刻技术。

　　① 激光刻膜再腐蚀。激光刻膜再腐蚀制版是采用激光雕刻加化学腐蚀的方法进行凹印版制作的一种凹版制版方法，具体过程为：制版时先将镀好铜并经过加工的版辊经过喷胶机喷一层"黑胶"，黑胶被覆盖在辊筒表面，主要起保护版辊表面不被腐蚀的作用。再

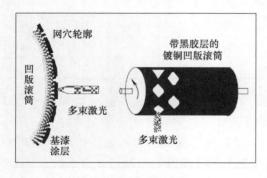

图 4-68　激光刻膜技术

将喷好胶的版辊装在激光机上，图文信息通过激光烧蚀将黑胶汽化，在版辊表面露出图文信息的网穴。雕刻好的版辊，再放入腐蚀槽中进行腐蚀。网穴部分被腐蚀，而黑胶部分，没有被腐蚀，从而制版凹版印版。激光刻膜原理如图 4-68 所示。

　　这种制版方法是目前制版行业中较为广泛应用的一种激光雕刻技术，该工艺成熟，产品类型丰富，版基材质广泛，版滚筒可以

重复翻新，因此，被广泛应用于软包装领域。但是，激光刻膜技术在制作印版时，必须要有腐蚀工艺相配套，而腐蚀工艺又会对环境造成污染，且制作过程受人为因素较多，所以在一定程度上也制约了该技术进一步发展。

② 激光锌层雕刻。激光锌层雕刻，就是在经过电镀、抛、磨的锌合金表面，采用高强度的激光束，射向镀锌层表面，将图文部分熔化成液滴，烧蚀成网穴。激光锌层雕刻原理如图 4-69 所示。

激光锌层雕刻技术在我国应用不多，主要是因为雕刻对象是金属锌层，因此在制版工艺中还需要为镀锌、锌层表面加工等建立生产线，从而大大增加了企业的生产成本。

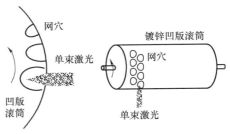

图 4-69　激光锌层雕刻技术

③ 激光铜层雕刻。激光铜层雕刻技术是目前凹版制版领域的最新技术，这种技术是直接在传统的铜滚筒表面雕刻出网穴，所以也称为激光直接雕刻技术。由于铜层本身对激光有较强的反射作用，所以激光铜层雕刻采用的是超高能量激光技术，其激光能量高达 600W。

激光直接雕刻铜滚筒的设备简称激光直雕机，这种雕刻机不仅可以雕刻传统网穴，也可以雕刻调频网穴。激光直雕机如图 4-70 所示。

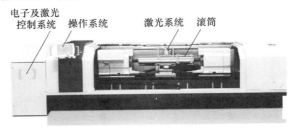

图 4-70　激光直雕机

激光直接雕刻技术使雕刻版面的网穴墨量得以提高，解决了机械式电子雕刻线条文字边缘不可避免的锯齿边现象。同时该技术不需要"腐蚀"，从而避免了对环境的污染及人为因素对制作过程的影响。

激光直接雕刻技术主要应用于包装、装饰、防伪、压纹、高固性和软性印刷电子领域。雕刻产品如图 4-71 所示。

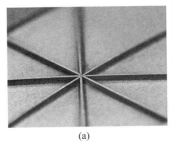
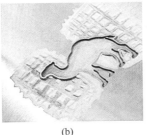
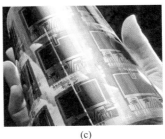

（a）　　　　　　　　　（b）　　　　　　　　　（c）

图 4-71　激光直接雕刻产品

（a）压纹辊　（b）压花辊　（c）软性印刷电子产品

4.3.2　凹版印刷

凹版印刷是将存留在凹下印纹中的油墨直接转移到印件上的，属直接印刷。由于其凹下印纹上的油墨量比凸版、平版多，所以凹版印刷出来的印件上的图纹，会有微微浮凸的

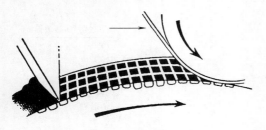

感觉，表现出来的层次和质感都比凸版和平版好。另外凹印版上印刷部分下凹的深浅随原稿色彩浓淡不同而变化，因此凹版印刷也是常规印刷中唯一可用油墨层厚薄表示色彩浓淡的印刷方法。凹版印刷原理图如图 4-72 所示。

图 4-72　凹版印刷图示

（1）凹版印刷机　凹版印刷机的结构比平版印刷机简单，自动化程度高，印刷速度快，印版耐印力可达 100 万印以上，是其他印刷方法无法相比的。

凹版印刷机，按照印刷纸张类型，可分为单张纸凹印机（图 4-73）和卷筒纸凹印机（图 4-74），其中卷筒纸凹印机使用广泛。按照印刷品的用途，凹版印刷机可分书刊凹印机、软包装凹印机、硬包装凹印机和建材凹印机。所以凹版印刷机，常配备一些辅助设备，以提高印刷及印后加工能力。例如，作为书刊用的凹印机，在收纸部分附设有折页装置；作为纸容器的凹印机，附设有进行冲轧纸盒的印后加工设备。无论哪一种凹版印刷机，都由输纸部分、着墨部分、印刷部分、干燥部分、收纸部分组成。其中着墨机构、印刷机构、干燥系统具有特色。凹印机结构简图如图 4-75 所示。

图 4-73　单张纸凹印机　　　　　　图 4-74　卷筒纸凹印机

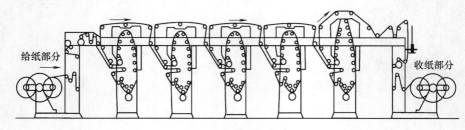

图 4-75　凹印机结构简图

① 着墨装置。凹版印刷机的着置装置由输墨装置和刮墨装置两部分组成，输墨的方

式有开放式和密闭式两种。

　　开放式又分为直接输墨和间接输墨两种。直接着墨方式是把印版滚筒的 1/3 或 1/4 部分，浸入墨槽中，涂满油墨的滚筒转到刮墨刀处，空白部分的油墨被刮掉，如图 4-76（a）所示。间接着墨的方式是由一个传递油墨的胶辊，将油墨涂布在印版滚筒表面，胶辊直接浸渍在墨槽里。如图 4-76（b）所示。

　　封闭式输墨是把印版滚筒放置在一封闭的容器内，用喷嘴将油墨喷淋到印版滚筒表面，刮墨刀在容器内将空白部分的油墨刮去，多余的墨又流到墨箱内，经过滤后由墨泵再送至喷嘴，如此循环往复，如图 4-77 所示。这种方法可防止溶剂挥发，减少污染，油墨可以回收，成本较低，大多在高速凹版印刷机中使用。

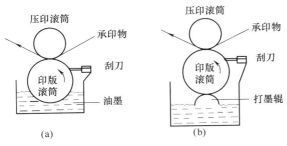

图 4-76　开放式上墨
（a）浸泡上墨　（b）打墨辊上墨

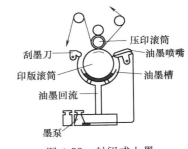

图 4-77　封闭式上墨

　　刮刀装置由刀架、刮墨刀片和压板组成。刮墨刀片的厚度、刀刃角度以及刮墨刀与印版滚筒之间的角度可以调整。刮墨装置如图 4-78 所示。

　　② 印刷装置。由印版滚筒和压印滚筒组成。凹印是直接印刷，需要较大的压力，才能把印版网穴中的油墨转移到承印物上，因此，压印滚筒表面包裹有橡皮布，用以调节压力。

　　③ 干燥系统。凹版印刷机的干燥方式分为热风干燥、红外线干燥、远红外线干燥、紫外线干燥。热风干燥装置由发热装置、通风装置和排气口等组成热风干燥室，印张从热风干燥室内通过进行干燥。通过调整风量大小来控制干燥速度。采用这种干燥装置，印张变形较小，有利于保证印品质量。印张经热风干燥后一般还应由冷却辊进行冷却。

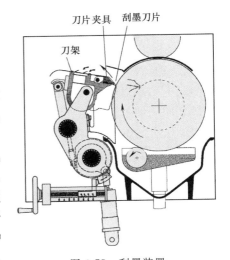

图 4-78　刮墨装置

　　有些凹版印刷机配有 IR 红外线灯箱，可在单张纸凹印机上印刷水性光油。同时还可以配备 UV 干燥系统，印刷 UV 紫外线光固光油。

　　（2）凹版印刷工艺　凹版印刷由于印刷机的自动化程度高，凹版制版的质量较好，因而工艺操作比胶印简单，容易掌握。

　　① 印前准备。凹版印刷的准备工作包括：检查印版质量、准备承印物、油墨、刮墨刀等，还要对印刷机进行润滑。

印版是印刷的基础，直接关系到印刷质量，上版前需对印版进行复核。检查网点是否整齐、完整，镀铬后的印版是否有脱铬的现象，文字印版，要求线条完整无缺，不能断笔少道。印版经详细检查后，才可安装在印刷机上。

塑料薄膜，是凹版印刷主要的承印物。常用的塑料薄膜有聚乙烯、聚丙烯、聚氯乙烯等。因为塑料薄膜表面光滑、黏附油墨的性能差，所以，在印刷前要对薄膜表面进行处理。一般采用电晕处理。该方法是将塑料薄膜在两个电极中穿过，利用高频振荡脉冲迫使空气电离产生放电现象形成电晕，游离的氧原子与氧分子结合生成臭氧，使薄膜表面形成一些肉眼看不见的"毛刺"。这样便提高了薄膜的表面张力和粗糙度，有利于油墨和黏合剂的附着。

凹版印刷，大多采用溶剂挥发性的油墨，粘度低，流动性好，表面张力低，附着力强。凹印油墨的溶剂一般要求溶解力强，挥发性快，而且要无毒。

凹版印刷机最主要的特点是使用刮墨刀，以刮除印版空白部分的油墨。刮墨刀是宽60mm 至 80mm，长 1000mm 至 1500mm（依照印版滚筒尺寸而定）特制的钢片，其刀刃必须呈直线型。

② 上版。上版操作中，要特别注意保护好版面不被碰伤，要把叼口处的规矩及推拉规矩对准，还要把印版滚筒紧固在印刷机上，防止正式印刷时印版滚筒的松动。

③ 调整规矩。印刷前的准备工作完成之后，再仔细校准印版，检查给纸、输纸、收纸、推拉规矩的情况，并作适当调整，校正压力，调整好油墨供给量，调整好刮墨刀角度。

刮墨刀的调整，主要是调整刮墨刀对印版的距离以及刮墨刀的角度，使刮墨刀在版面上的压力均匀又不损伤印版。

④ 正式印刷。在正式印刷过程中，要经常抽样检查，查看网点是否完整，套印是否准确，墨色是否鲜艳，油墨的粘度及干燥是否和印刷速度相匹配，是否因为刮墨刀刮不均匀，印张上出现道子、刀线、破刀口等。

凹版印刷的工作场地，要有良好的通风设备，以排除有害气体，对溶剂应采用回收设备。印刷机上的电器要有防爆装置，经常检查维修，以免着火。

4.3.3　凹版印刷应用

（1）凹版印刷特点　由于凹版印版的特殊性，使凹版印刷具有以下特点：

① 墨层厚实、墨色均匀。凹印版的承墨部分是下凹的，因而可以承接较大量的油墨，所以凹印能真实再现原稿效果，层次丰富、清晰，墨层厚实，墨色饱和度高，色泽鲜艳明亮。

② 耐印力高、大批量印刷成本低。凹版印刷机的印版滚筒图文部分是铜质的，图文较深，空白部分表面镀铬，硬度高，耐磨性强，一般可印刷 200 万次以上，有的可高达 300 万次以上。所以凹版印刷特别适合长版印刷品，对长版、大批量印件而言，无疑是成本最低的。

③ 能印刷连续图案。由于凹版印版滚筒是完整圆柱形，所以只要滚筒上的图像做到无缝拼接，就能在承印物上得到连续绵延的图案。

④ 适用范围广。凹印适用的介质多，产品适应范围也非常广。凹版印刷除以纸作承印物外，还可以通过选用不同的油墨，在其他材料上印刷。特别适宜于印刷大批量的彩色图片、商标广告、装潢、塑料薄膜、金属箔、厚纸板等。

⑤ 综合加工能力强。凹版印刷机可以和柔印、丝印、烫印、凹凸压印、上光、覆膜、涂布、模切、分切、打孔、横断等多种工序组成自动化程度很高的联机生产线。随着各种纸质包装的不断出现，如购物袋、商品袋、垃圾袋、冰箱保鲜袋等的应用，工业品包装、日用品包装、服装包装、医药包装大量采用塑料软包装，各种固体包装盒、液体包装盒、烟包类、酒包类等都需要凹印设备的综合加工。

不足的是凹版印版制版工艺复杂，成本高，周期长。另外凹印滚筒制作过程及凹版印刷过程，都会对周围环境产生较大的污染。

大多数凹版印刷品，由于在网穴与网穴之间有网墙分割，由网穴组成的线条边缘不可避免有锯齿边现象。凹版印刷品的印迹特征，见书后彩图 14。

（2）凹版印刷应用范围

凹版印刷借助其技术优势，使其在以下 6 个行业应用广泛。

① 塑料包装印刷：目前，国内大量的粮食、食品、服装、药品、日用品等的包装都采用各种塑料薄膜包装，塑料包装印刷为凹版印刷提供了一个巨大的应用市场。

② 纸质包装印刷：纸包装凹印主要应用于香烟包装的印刷。

③ 有价证券印刷：由于凹版印刷防伪效果较好，常用于有价证券，例如货币、证券、邮票等的印刷。

④ 转移印花：转移印花工艺是指利用凹版印刷先将图案印到专用转印纸上，然后将转印纸与含有化纤成分的织物密合，加热施压，就能将转印纸上的图案转移到织物表面。由此可见，凹版印刷在纺织印染行业的应用市场也相当大。

⑤ 装饰纸、木纹、皮革压花装饰：通过凹版印刷压印装饰性纹理，具有一次可以印刷多种纹理、一致性好、效果多、防伪性强等的特点。

⑥ 出版印刷：在我们国内，凹版印刷应用于出版印刷的案例还不曾有过。但是在欧美地区、俄罗斯等国家，凹版印刷常用于印刷一些需大批量印刷的报纸、邮递广告，特别是免费赠送的商业广告等，这些产品的共同特点是纸张薄、色彩鲜艳、印量大。

4.4 丝网印刷

丝网印刷又称网版印刷，GB/T 9851.1—2008，5.14.1 对网版印刷定义："印版在图文区域呈筛网状开孔的孔版印刷方式。"

GB/T 9851.1—2008，5.14 对孔版印刷的定义是："印版在图文区域漏墨而非图文区域不漏墨的印刷方式。"

孔版印刷的印版上，其印刷部分是由大小不同或大小相同但单位面积内数量不等的网眼组成，油墨通过网眼漏到印物上形成印迹，所以孔版印刷又称漏印或透印。如一般用钢针在蜡纸上刻字或用电子蚀版的油印机印刷，这便是较基本的孔版印刷，而在设计或工业上应用到的是丝网印刷（Screen Printing）。

4.4.1 丝网制版

丝网印刷是一种古老的印刷方法，早期的制版方法是手工的，现代较普遍使用的是光化学制版法。这种制版方法，以丝网为支撑体，将丝网绷紧在网框上，然后在网上涂布感光胶，形成感光版膜，再将阳图底版或数字图像在版膜上晒版，经曝光、显影，印版上不需过墨的部分受光形成固化版膜，将网孔封住，印刷时不透墨，印版上需要过墨部分的网孔不封闭，印刷时油墨透过，在承印物上形成黑迹。丝网印版版面特征如图 4-79 所示。

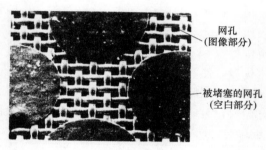

网孔
（图像部分）

被堵塞的网孔
（空白部分）

图 4-79　丝网印版

（1）丝网制版材料与器具

① 丝网。丝网印刷制版用的丝网是指具有一定物理性能、规格尺寸、颜色，符合制版要求，可用于制作丝网印版的丝网。丝网是制作网版骨架，是丝网感光胶或感光膜的支撑本，也是丝网印版的版基。丝网印刷常用的丝网有锦纶（尼龙）丝网、涤纶（聚酯）丝网、不锈钢丝网等。

丝网印刷要达到较高的质量标准，必须使用高质量的丝网。目前，丝网印刷业应用的丝网主要是合纤维丝网，用热塑性材料的单纤维编织而成。最常用的丝网品种是尼龙（也称锦纶）丝网和聚酯（也称涤纶）丝网，金属丝一般只在特定条件下使用。

丝网技术参数按性能特征可分为三大类，一是规格指标参数，如目数、丝径等，是显性技术参数；二是物理性能参数，如最大张力等，需要通过绷网或使用过程反映出来；三是使用性能参数，如透墨性，必须通过实际印刷才能反映出来，是隐性技术参数。

规格指标参数，主要有目数和丝径两大指标。它们是丝网最重要的参数，是选择丝网时首先要考虑的，它在一定程度上决定了调频网印新产品的最终质量。

a. 丝网目数。丝网目数是指丝网每一个线性单位长度内所拥有的网丝数量，用以说明丝网的丝与丝之间的密疏程度。一般以 1cm 或 1in 为单位计算。

选择合适目数的丝网对于印刷质量至关重要。目数越高丝网越密，网孔越小，在丝印版上，细线条和小网点就愈容易复制出来，但油墨通过性越差。反之，目数越低丝网越稀疏，网孔越大，油墨通过性就越好。

此外，丝网的目数也会影响印刷品色调值的变化。当丝网直径不变时（一般为

0.03mm 左右），若增加网丝的数量，即提高丝网的目数，其开口面积便随之减少。这时，印刷的网点会发生很大变形，从而使色调值发生偏移。因此，在选用丝网时可根据承印精度要求、承印物种类、油墨类型等因素，选择不同目数的丝网。

由于丝网印刷的特殊性，一般阶调复制范围往往要小于胶印，通常在 20%～80% 范围内。

b. 丝网直径。丝网直径通常用微米来表示。丝网直径越小，相对的开孔面积则越大，因而更适合细微层次的复制。但丝网直径愈细，对腐蚀性清洗剂的抗蚀性能就越差，对油墨及刮墨板的耐磨性能也就越差。

我国生产的单丝涤纶丝网，丝网直径在 $34\mu m$ 左右，最细丝网直径 $27\mu m$ 左右。

按最小网点尺寸须大于或等于丝网直径 3 倍网点才能被印刷复制原则，若使用 $27\mu m$ 丝网直径的丝网，只有大于 $81\mu m$ 的调频网点尺寸才有可能在丝网印刷中得以再现。

c. 其他参数。调频网点应用于精细阶调网印工艺中，除了应选择细丝径、高目数等丝网参数外，还应考虑丝网厚度、压平染色丝网、压平丝网的选择与使用。如黄色染色丝网，可以有效地防止发生光散射现象，有利于精细线条、文字和网点的再现。使用压平丝网能减少油墨附着量，从而能提高印刷分辨率。丝网版面几何形状如图4-80所示。

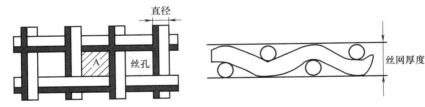

图 4-80 丝网几何形状图

② 网框。网框是支撑丝网用的框架，由金属、木材或其他材料制成，最常用的则是铝型材料制作的网框。各种网框各具特点，在选取时，可根据不同的情况，选取不同材料的网框。制作网框的材料，应满足绷网张力的需要，坚固、耐用、轻便、价廉；在温、湿度变化较大的情况下，其性能应保持稳定；并应具有一定的耐水、耐溶剂、耐化学药品、耐酸、耐碱等性能。丝网网框实样如图4-81所示。

图 4-81 丝网网框

③ 绷网机。绷网机是丝网印刷制版用的专用配套辅机，用于往丝网框架上粘绷丝网用。绷网时，在张网机四边各装有几个绷夹，绷夹夹住丝网的边缘，采用压缩空气牵动，

使丝网在一定的张力下，向框架上粘贴。

④ 丝网晒版机。丝网晒版机是丝网制版的主要设备之一，专供晒版丝网用。由于在晒制丝网版时，丝网有框架，因此，一般的平版晒版机不适合使用。绷网机及丝网晒版机如图 4-82、图 4-83 所示。

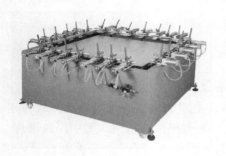

图 4-82　绷网机　　　　　　　　图 4-83　丝网晒版机

丝网印版的制作方法很多，约有几十种。根据丝网制版数字化程度分，丝网制版可分为传统胶片感光制版法和数字化直接成像制版法两大类。

（2）传统胶片感光制版法　感光制版法是指用感光材料涂布于丝网上，通过曝光显影制作丝网印版的制版方法。这种制版法的主要特点是制版质量高，工艺简便，操作容易，是现代丝网印刷中主要的制版方法，其印版适用于各类原稿及承印物的印刷。

感光制版法的制版原理是在丝网上涂布一定厚度的感光胶并干燥，在丝网上形成感光膜。然后将制作好阳图底片，密合在丝网感光胶（膜）上，放入晒版机曝光。曝光时图形部分遮光，感光胶（膜）不发生化学变化，非图像部分见光，其感光胶（膜）产生交联硬化并与丝网牢固结合在一起形成版膜。未感光部分经水或其他显影液冲洗显影形成通孔，受光的感光胶（膜）则留存下来，形成版膜，堵住网孔，最终制成丝网印版。丝网制版原则上使用阳图。

常用的感光制版法有直接感光胶制版法和直接膜片制版法两种，现将两种工艺简单介绍如下：

① 直接感光胶制版法。直接感光胶制版法，简称直接法，是一种使用较为广泛的方法，这种制版法是把感光液直接涂布在丝网上形成感光膜。感光材料的成本低廉且工艺简便。这种涂布作业已被近来的自动涂布器所取代，但要想平滑而均匀地涂布感光乳剂仍然离不开操作人员的技术。另外，这种方法的缺点是涂布、干燥需要反复进行，为得到所需的膜厚，需要一定的涂布、干燥作业时间。

直接法的工艺流程如图 4-84。

调配感光胶　　阳图片
网版准备 ——→ 涂布感光胶 ——→ 晒版 ——→ 显影 ——→ 冲洗 ——→ 干燥 ——→ 修版

图 4-84　直接法工艺流程图

a. 网版准备。为防止由于污物、灰尘、油脂等造成的砂眼、图像断线等现象，在进行感光液的涂布之前必须对丝网进行充分冲洗。另外，为防止丝网表面由于光的反射而引起图像的再现性降低，还需在丝网表面用黄色、红色、橙色等染料进行染色。图 4-85 所示的是白色丝网产生光反射现象，图 4-86 所示的是染色丝网不产生光反射现象。

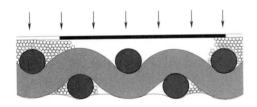

图 4-85 白色丝网产生光反射

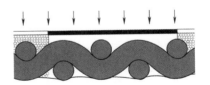

图 4-86 染色丝网不产生光反射

b. 涂布感光胶。直接制版用的感光胶有多种，国内较普遍使用的一种是重氮感光剂，它是由聚乙烯醇与少量的醋酸乙烯酯乳剂，再加入若干助剂配制成的。

感光胶的涂布方法分为手工涂布和机械涂布两大类，手工涂布是利用毛刷或刮板、刮斗等工具，通过手工操作将感光胶涂布在丝网上。手工涂布只适合于尺寸较小的印版制作，它的特点是操作方便。

机械涂布是指通过机械动作完成感光胶的涂布。机械涂布又可分为全自动涂布和半自动涂布两种。机械涂布适合于大面积网版的涂布，涂布质量相对较稳定。刮斗涂布和自动涂布机如图 4-87、图 4-88 所示。

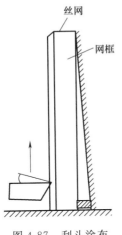

图 4-87 刮斗涂布

图 4-88 自动涂布机

c. 晒版。晒版就是把阳图底版的膜面密合在感光膜面上，在氙灯或金属卤素灯下进行曝光。曝光应在专用的晒版机中进行，它是晒制高质量的丝网版的关键。

d. 显影。把曝过光的印版浸入水中一两分钟，并不停晃动网框，等未感光部分吸收水分膨胀后，用水冲洗即可显影。

由于感光液的种类不同，对聚合度高的感光膜，应用温水显影。对于聚合度低的感光膜，多用工业酒精来显影，直到最细小的图像能充分显出。显影结束后用水冲洗干净。

e. 干燥。显影后的丝网版应放在无尘埃的干燥箱内，用温风吹干。丝网版烘干箱是制版专用设备，用于对丝网清洗和涂布感光胶后的低温烘干。烘干温度一般可控制在（40±5）℃。

f. 版膜的强化及修正。在印版干燥前或干燥后，为了强化版膜，提高耐水性及耐溶剂性，可涂布坚膜剂。其次，为了堵塞针孔或版上不应有的开孔部分，可用堵网液或制版用感光液涂抹堵塞。

采用直接制版法制作的丝网印版，胶膜与丝网结合比较牢固，而耐印力较高。但分辨力较低，图像边缘容易出现锯齿状现象。

② 直接膜片制版法。直接膜片制版法，又称混合法，所用膜片是一种上面涂布了感光胶的透明醋酸纤维薄膜。其原理是，首先将涂有感光材料的塑料片基感光膜的感光膜面朝上平放在工作台上，将绷好的网框平放在膜面上。然后在网框内放入感光胶并用软质刮板加压涂布，使感光膜与丝网粘合。最后经风吹干燥后揭去片基，附着了感光膜的丝网即可用于晒版。经显影、干燥后就制出丝网印版。其制版工艺流程如图 4-89。

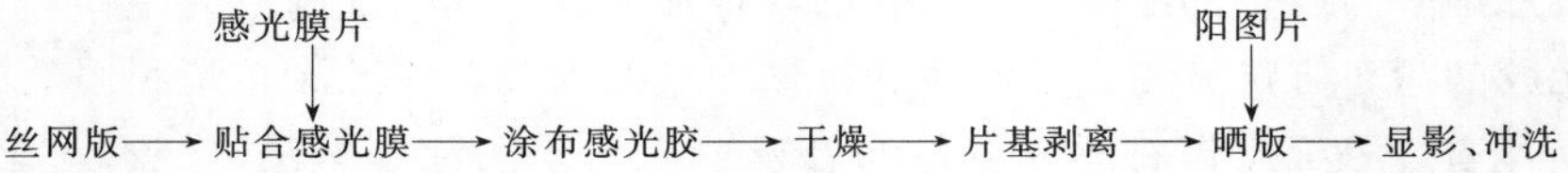

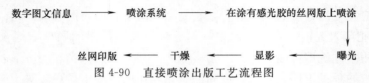

图 4-89　丝网印版制版工艺流程图

混合法制版是用事先按一定的厚度涂成的感光膜，所以减少了感光胶涂布的次数，节省涂布时间。另外，由于与承印物接触的是丝网使用片基的一面，所以保证了丝网印版的平整度。直接膜片制版法的主要优点是印品线条光洁，因为印版干燥时，没有收缩，仅是把膜片吸附在空白丝网上即可。直接膜片制版法，适用于不干胶标签、海报等印刷质量要求较高的印刷品。

（3）数字直接成像制版法　数字直接成像制版法是无软片电脑喷涂（喷墨或喷蜡）制版技术，又称计算机直接制丝网版（CTS）技术，简称直接喷涂制版法，是无需制作分色片就能生产出彩色阶调丝网印版的技术。

直接喷涂法是一种数字喷墨或喷蜡的成像技术，它的成像原理是：图像和文字等数字信息经计算机处理后，传输到数字喷涂机，由专门的程序来控制喷射头，喷射头向已涂有感光胶的丝网版（平网或圆网都可），喷射一种不透明的染料，在丝网版上形成所需的图文信息。这种不透明的染料图像，实际上是充当着阳图片的作用。经过喷涂的丝网版，再拿去曝光，有不透明染料覆盖的感光胶未被曝光，没有染料覆盖的感光胶被感光硬化。经显影，未曝光的感光胶连同染料一起冲洗掉，露出网孔，形成透墨的图文部分。感光硬化的胶膜留在网版上，遮盖着网孔，形成不透墨的空白部分。最后，经干燥、修整，丝网印版就制作完成。直接喷涂制版工艺流程如图 4-90 所示。

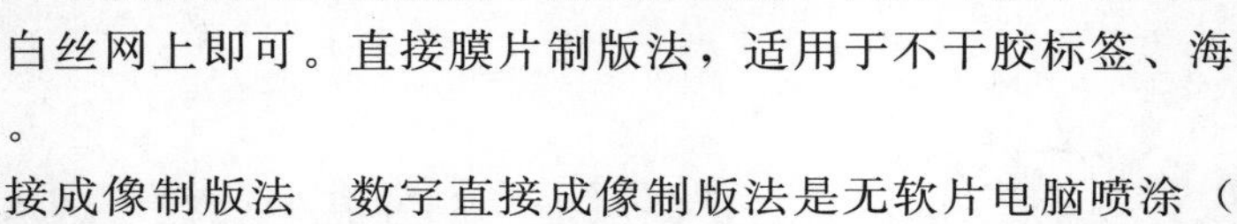

数字图文信息 ━━━━→ 喷涂系统 ━━━━→ 在涂有感光胶的丝网版上喷涂

丝网印版 ←━━━━ 干燥 ←━━━━ 显影 ←━━━━ 曝光

图 4-90　直接喷涂出版工艺流程图

直接喷涂法在国内外已有应用。除此技术外，还有一种新型的数字化制版方法，即模版直接成像制版法。该方法的丝网印版不用涂感光胶，制版时也不用喷墨或喷蜡，而是直接在涂布了化学涂料的模版上进行数字成像。之后用水冲洗化学材料即可在丝网版上形成图像部分，这种在模版上直接成像的制版方法将是今后研制和发展的方向。

数字直接成像制版所需设备及直接成像后的印版如图 4-91、图 4-92 所示。

图 4-91 CTS 喷墨设备

图 4-92 直接成像丝印版

4.4.2 丝网印刷

丝网印刷是孔版印刷术中运用最广的一种印刷技术。由于丝网印刷是通过网孔将油墨漏印到承印物表面，所以丝网印刷可使用的油墨种类非常多，广泛运用于电子工业、陶瓷贴花工业、纺织印染行业。近年来，包装装潢、广告、招贴标牌等也大量采用丝网印刷。丝网印刷原理如图 4-93 所示。

（1）丝网印刷机 丝网印刷适应性很强，不仅适用于一般的纸张印刷，而且还可在塑料、陶瓷、玻璃、线路等承印物上印，因此，丝网印

图 4-93 丝网印刷图示

刷应用于各个领域。丝网印刷无论是在哪个行业，印刷的原理是基本相同的。但是，由于各种承印物的化学性质和物理性质的不同，以及行业的不同要求，所以，各行业的丝网印刷又有其特殊性，它们在实际应用中形成了各自相对独立的丝网印刷系统。这使得丝网印刷机的品种也多种多样，有通用型、专用型；平面型、曲面型；台式、落地式、回转式；简易型、精密型、超精密型；小幅面机型、大幅面机型；手动、半自动、全自动等多种形式。

丝网印刷机的外形尺寸相差悬殊，小型手动丝印头能放在书包内，大型印染行业用的丝网印刷机可长达几十米。

目前丝网印刷机的手动机型与半自动、全自动机型并存，各种手动的丝印装置在一些小型的丝印企业应用仍然较广。

由于丝网印刷机的多样性和用途的广泛性，很难用一种分类方法将全部的丝网印刷机概括起来，详尽分类方法见图 4-94、图 4-95 所示。

① 平面丝网印刷机。平面丝网印刷机是指在平面状承印物上进行印刷的丝网印刷机，它是目前应用最为广泛的印刷机类型。平面丝网印刷机所用丝网印版有平形和圆筒形两种，印刷平台也分为平台式和圆筒式两种。常用承印物有纸张、纸板、线路板、纺织品、塑料板及塑料薄膜等。

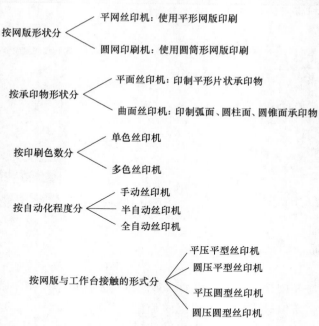

图 4-94 丝网印刷机分类

图 4-95 手工丝网印刷

　　a. 平面平网平台式丝网印刷机。平面平台式丝网印刷机的丝网印版呈平面形，承印物也是平面形，刮印工作台分为平台式。平台式丝网印刷机根据工作台运动方式不同，又分为合页式、升降式等几种类型。

　　合页式平台丝印机的丝网印版一边固定在机器上，另一边可绕固定边摆动。印刷时将丝网放下，与印刷工作台平行，刮板在印版上作水平刮印运动，印刷后丝网印版面抬起。

　　水平升降平台丝印机的丝网印版、承印物及刮印工作台都呈平面状。印刷时，工作台上下移动，丝网印版固定不动，刮板作水平刮印运动。这种丝印机具有工作平稳、套印准确等特点。

　　b. 平面平网滚筒式丝网印刷机。平面平网滚筒式丝印机的承印物为平面状，丝网印版也为平面式，刮印工作台为滚筒式。在印刷过程中，丝网印版作水平移动，滚筒式工作台作旋转运动，刮板固定不动。这种丝印机印刷速度快、精度高，适用于贴花纸及其他转移介质和商标等的印刷。可单色印刷，也可多色套印。

c. 平面圆网平台式丝网印刷机。平面圆网平台式丝印机，承印物为平面形，丝网印版为圆筒状，工作台为平台式。在印刷过程中，工作台固定不动，圆筒丝网印版作旋转运动，刮板安装在丝网印版滚筒内。这种丝网印刷机，具有印刷速度快、精度高等特点，比较适合于印染行业。

d. 平面圆网滚筒式丝网印刷机。平面圆网滚筒式丝印机，承印物为平面形，丝网印版为圆筒状，工作台为滚筒式。在印刷过程中，丝网印版和滚筒工作台分别作旋转运动，刮板安装在丝网印版滚筒内。这种丝网印刷速度快，连续印刷精度高等特点，适用于印染行业及卷筒纸的印刷。

② 曲面丝网印刷机。曲面印刷机的承印物是圆柱或圆锥型的容器，丝网印版为平网或圆网，刮板固定在印版上方。在印刷过程中，丝网印版作水平移动、水平摆动或旋转，承印物绕自身轴心作旋转，同时刮板在一定压力下，使丝网印版与承印物接触进行印刷。

曲面丝网印刷机对承印物的适应性非常广泛，连续印刷效率高，可一次进行多色印刷，精度也较高。适用于塑料、金属、陶瓷、玻璃器皿等各种成型物的单色或套色印刷。

③ 磁辊丝网印刷机。这种丝网印刷机也称为无刮板丝印机，它是用一根磁性铁辊代替刮墨板进行印刷的。这类丝印机多用于织物印刷。

④ T恤衫丝网印刷机。设计出流行图案，并把它印刷在T恤衫上，是极富有时代感的，许多年青人都喜欢穿着这样的T恤衫。这种印刷台的安装呈放射状，一般为复数个，印刷时需人工把一件件衬衫固定在印刷台上，旋转印刷台，就可将五彩缤纷的颜色印到T恤衫上。

⑤ 静电丝网印刷机。静电丝网印刷机指利用静电吸附粉末状油墨进行印刷的丝网印刷机，这种丝网印刷机的特点是网版不必与承印物相接触就可印刷，所以对于软质有凹凸表面及高温表面的承印物都可进行印刷。

静电丝网印刷机的丝网印版用导电良好的金属丝网制作，利用高电压发生装置使其带正电（正极），并使和金属丝网相平行的金属板带负电（负极），承印物置于正、负两极之间。粉末油墨本身并不带电，通过丝网印版后带正电。由于带负电的金属板吸引带正电的粉末，油墨便落在承印物上，经加热或其他方法处理，粉末固化形成永久性图文。

不同类型丝网印刷机工作原理图及实样如图4-96、图4-97所示。

(2) 丝网印刷工艺　以平面丝网印刷为例，说明丝网印刷的一般工艺过程。

① 印前准备。包括对承印物进行预处理，网版的安装与调整，版面与承印物的间隙调整，确定承印物的位置（即定位），调配油墨等事项。

② 刮墨板调整。刮墨板在丝印中是非常重要的工具，对印品质量起着关键作用。刮墨板是由一定硬度的天然橡胶、硅橡胶、聚胺酯橡胶等制成的，它们具有良好的弹性、耐磨性。当印刷油墨确定之后，应选择具有较好耐油墨溶剂的刮墨板，以免油墨溶剂对刮墨板的腐蚀。刮墨板的形状有直角、尖圆角、圆角、斜角等，应根据承印物的材质和形状来选择刮墨板。

根据所要求的墨层厚度，调整刮墨板的刮印角度。所谓刮印角是指在刮墨板刮印时的前进方向上，刮墨板与网印版之间的夹角。刮印角的大小对油墨转移量有一定的影响，刮印角度越大，漏墨量越少；刮印角度越小，漏墨量越大。刮墨板角度调整如图

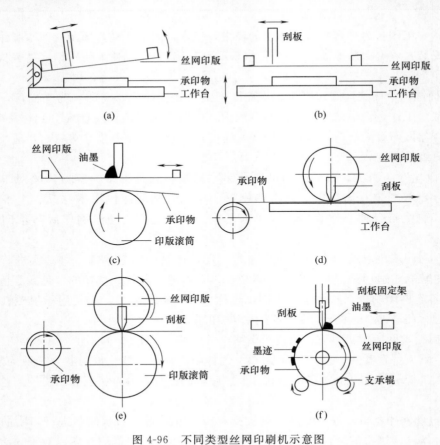

图 4-96　不同类型丝网印刷机示意图

（a）平面平网平台式（合页式）　（b）平面平网平台式（升降式）　（c）平面平网滚筒式

（d）平面圆网平台式　　（e）平面圆网滚筒式　　（f）曲面平网式

图 4-97　平台式丝网印刷机实样

（a）合页式平面平网　（b）升降式平面平网　（c）平网滚筒式

4-98 所示。

　　③ 印刷。首先试印，根据试印的结果，调节机器各个部件，直至得到满意的印刷品。

影响印刷质量的因素有很多，除网距、刮印角、油墨粘度外，还有印刷压力和印刷速度等。

印刷压力是指刮墨板对网版施加的压向承印物面的力。印刷压力过小，油墨不能完全从网版蚀空的部分通过，造成墨层较薄，甚至印迹缺墨。印刷压力过大，网版承受过大的压力，易引起网版松弛，影响印刷精度。

刮印速度是指在印刷过程中刮墨板的移动速度。刮印速度与出墨量成正比。因此，细线条宜用较快速度，要求墨层厚的印刷品印刷时刮印速度应较慢。

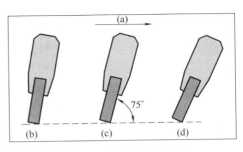

图 4-98　刮墨板角度调整
(a) 印刷行程　(b) 陡　(c) 正常　(d) 平

④ 印后干燥。丝网印刷，墨层厚，油墨干燥缓慢，需要用干燥架晾干，或用回转移动式干燥机干燥。为了提高印刷品的干燥速度，可选用红外、紫外油墨印刷，用红外、紫外干燥器干燥。有些丝网印刷产品，油墨凝固在印品上以后，还要进行特殊处理。例如，采用热熔玻璃油墨印刷的玻璃杯，需放入 400℃ 的烧结炉中进行印花烧结。

4.4.3　丝网印刷应用

(1) 丝网印刷特点

① 印刷适应性强。平印、凹印、凸印三大印刷方法一般只能在平面承印物上进行印刷，而丝网印刷不仅能在平面上印刷，还可以在曲面、球面及凹凸面的承印物上进行印刷。另一方面，由于丝网印版版面柔软且具有一定的弹性，印刷压力又小，所以，丝网印刷不但可以在硬质材料上印刷，还可以在软质材料及易碎的物体上印刷，不受承印物的质地限制。除此之外，丝网印刷除了直接印刷外，还可以根据需要采用间接印刷方法印制，即先在明胶或硅胶版上进行丝网印刷，再转印到承印物上。因此，丝网印刷适应性很强，应用范围广泛。

② 墨层厚实，立体感强。不同印刷方式其承印物上的墨层厚度是不一样的，胶印和凸印的墨层厚度一般约为 $5\mu m$，凹印约为 $12\mu m$，柔性版印刷约为 $10\mu m$，而丝网印刷的墨层厚度远远超过了上述墨层的厚度，一般可达 $30\mu m$ 左右。专门印刷电路板用的厚膜丝网印刷，墨层厚度可达 $1000\mu m$，用发泡油墨印制盲文点字，发泡后墨层厚度达 $300\mu m$。丝网印刷墨层厚，立体感强，这是其他印刷方法不能相比的。

丝网印刷不仅可以单色印刷，还可以进行套色和加网彩色印刷。

③ 耐光性能强，色彩鲜艳。由于丝网印刷具有漏印的特点，所以它可以使用各种油墨及涂料，不仅可以使用浆料、黏结剂及各种颜料，也可以使用颗粒较粗的涂料。除此之外，丝网印刷油墨调配方法简便，例如。把耐光颜料直接放入油墨中调配，可使丝网印刷产品具有较强耐光性，更适合于在室外作广告、标牌之用。

④ 印刷幅面大。目前一般的印刷方式，如胶印等印刷方法的印刷幅面最大为全张或双全张，超过这一尺寸，就受到机械设备的限制。而丝网印刷可以进行大面积印刷，当今丝网印刷产品最大幅面可达 3×4（m²），甚至更大。丝网印刷还能在超小型、超高精度的特种物品

上进行印刷。这种特性使丝网印刷有着很大的灵活性和广泛的适用性。

　　与平版胶印相比，丝网印刷的局限性在于层次再现范围较小，彩色印刷色彩稳定性较难控制，套印误差也较大，印刷精细产品有一定难度。丝网印刷品的印迹特征见书后彩图 15。

　　（2）应用范围　丝网印刷作为一种应用范围很广的印刷，根据承印材料的不同可以分为：织物印刷，塑料印刷，金属印刷，陶瓷印刷，玻璃印刷，电子产品印刷，彩票丝印，电饰广告板丝印，金属广告板丝印，不锈钢制品丝印，光反射体丝印，丝网转印电化铝，丝印版画以及漆器丝印等。其具体应用大致在以下几方面：

　　① 广告类：广告牌、灯箱广告、巨型招贴画、标签等。

　　② 容器类：各种陶瓷、玻璃、塑料及金属容器、瓦楞纸箱等。

　　③ 纺织品类：各种提包、鞋、帽、丝巾、床单及布匹等。

　　④ 标记类：交通标志、门牌、路标、旗帜等。

4.5　数 字 印 刷

　　GB/T 9851.1—2008 第 8 部分中对数字印刷的定义是：数字印刷（Digital Printing）由数字信息生成逐印张可变的图文影像，借助成像装置，直接在承印物上成像或在非脱机影像载体上成像，并将呈色及辅助物质间接传递至承印物而形成印刷品、且满足工业化生产要求的印刷方法。

　　21 世纪，日新月异的数字技术不仅为世界经济注入了巨大活力，也为印刷业的飞速发展增添了动力。数字技术在印刷行业首先在印前领域得到广泛应用，然后逐步渗透到印刷工艺过程及管理、质量控制等方面。数字化已是当今印刷技术发展的基础和主题，已经贯穿整个印刷产业，整个印刷业正在构筑一种全新的生产环境和技术基础。数字印刷是印刷技术数字化发展的一个分支，也是当今印刷技术发展的一个焦点和新成长点。

　　数字印刷是与传统印刷相并列的一种印刷方式，数字印刷与传统印刷一样仍需要必要的印前处理，但印前处理所形成的数字文件，输出途径不相同，数字印刷不需要印版，可以直接输出在承印物上。

4.5.1　数字印刷系统

　　数字印刷系统主要是由印前系统和数字印刷机组成，有些系统还配上装订和裁切设备，从而取消了分色、拼版、制版、试车等步骤。它将印刷带入了一个最有效的运作方式：从输入到输出，整个过程可以由一个人来控制。数字印刷是一个全数字化的生产系统，它涵盖了印刷、电子、电脑、网络、通讯等多种技术领域，并有着自己的特色。

　　① 计算机印刷是一个完全数字化的生产系统，数字流程贯穿了整个生产过程，从信息的输入一直到印刷，甚至装订输出。

　　② 计算机印刷把印前、印刷和印后融为一体，它犹如一台"联合收割机"。系统的入

口（信息输入）是数字信息，系统的出口（信息输出）是所需形态的信息产品，如印刷品、书、杂志等。数字信息的来源有很多，可以是网络传输的数字文件或图像，印前系统传输的信息。也可以是其他数字媒体，如光盘、磁光盘、硬盘等携带的数字信息。而且，计算机印刷的产品种类也是多种多样的，既可以是商业印刷品，也可以是出版物、商标、卡片，甚至包装印刷品（个性化包装印刷）。计算机印刷系统的系统连接主要依赖两种方式，即网络和数字媒体。它是一个完整的印刷生产系统，由控制中心、数字印刷机、装订及裁切部分组成，所有操作和功能都可以根据需要预先设定，然后由系统自动完成。数字印刷大大缩短了印刷周期、减少了人工操作、提高了产品质量。数字印刷系统如图 4-99 所示。

图 4-99　数字印刷系统

③ 数字印刷具备按需生产的能力：按需印刷是能够最大限度满足人们个性化印刷要求的一种印刷解决方案。按需印刷可以真正做到一张起印，基本上做到即印即取。这样的小量而快速的印刷方式很适合四色打样、短版活的印刷，以及价格合理的多品种印刷。

图 4-100　数字印刷机实样

按需印刷应该是一种能够超越地域、跨越国界，实现全球无障的印刷手段，数字印刷使按需印刷成为了可能。它可以做到"先发行，后印刷"，改变了传统的出版模式。数字印刷机实样如图 4-100 所示。

4.5.2　数字印刷分类

（1）静电印刷　《GB/T 9851.1—2008 第 1 部分　基本术语》中对静电印刷的定义是：静电印刷（Electrostatic Printing）以异性电荷相吸引的原理，利用带电荷色剂获取可视图像或文字的印刷方式。

静电印刷是应用最广泛的数字印刷技术，也是大多数复印机和激光打印机的基础，是较成熟的彩色印刷技术，它的发明者是美国贝尔实验室切斯特·卡尔松（Chester Carlson）。静电成像技术最初用于静电复印，是利用光导和静电效应相结合实现的。

① 静电印刷原理。静电印刷技术的关键是静电成像技术，静电成像（Electro-Photographic）又称电子照相技术，其基本原理是利用激光扫描的方法在光导体上形成潜影，

再利用带电（与静电潜影相反的电荷）的色粉对潜影进行显像，最后将色粉影像转移到承印物上，经定影后在承印物表面形成固定的影像，完成印刷。

静电印刷是不借助压力，而用异性静电吸引的原理获取图像的印刷方式。因此，依靠异性静电吸引完成图文信息的转移是静电印刷的主要特征。从技术观点来看，静电成像就是把物质的光导电性能和静电现象结合起来进行照相、记录、印刷。静电照相和光学照相的主要区别在于感光剂。光学照相的感光剂多为银盐，利用见光部分发生光化反应原理实现成像，而静电照相的感光剂是光导电物质，见光后发生物理变化形成图像。静电成像原理如图 4-101 所示。

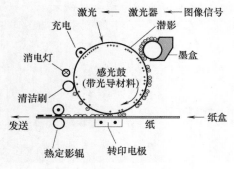

图 4-101　静电成像原理图

② 静电印刷过程。静电印刷过程可分为 5 个阶段：充电、曝光、显影、转印、定影、清洁。

a. 充电。充电就是使光导鼓或光导皮带表面带有均匀分布的电荷，使其具有足够的电位，充电时光导体处在无光照射的状态。

b. 曝光。激光器或 LED 发射出的光束，经反射镜射入声光偏转调制器，与此同时，由计算机送来的二进制图文点阵信息加至声光调制器上，对由反射镜射入的激光束进行调制。调制后的光束投射到旋转的光导鼓表面的光导体上，光导体被光照部分电阻下降，电荷通过光导体流失，而未照光部分仍然保留着充电电荷。这样在光导鼓表面留下了与原图像相同的带电影像，即"静电潜像"。

c. 显影。显影过程就是将带有静电潜像的光导鼓接触带电的油墨或墨粉（极性与静电潜影正好相反），通过带电色粉与静电潜影之间的相互吸引实现潜影的可视化，即光导鼓上被曝光的部分吸附墨粉，形成图像。

d. 转印。转印是指将色粉影像转移到承印物上的过程。色粉影像可以通过呈色剂转移（印刷）直接转移到承印物上，也可以通过中间的转换装置如鼓或带转移到纸上。

e. 定影。为了固定色粉微粒形成稳定的印刷图像，还需要使用定影装置，一般采用加热纸张和接触压力使墨粉中的树脂熔化并固着在纸上，也就完成了静电印刷过程。

f. 清洁。在输出印刷品的同时，为了使光导鼓做好下一次印刷的准备，还需采用机械和电子方式对光导鼓表面进行清洁，除去残留在光导鼓表面的剩余电荷和少量色粉微粒或使光导鼓表面呈中性，以保证下次印刷的顺利进行。

惠普 Indigo 公司生产的静电彩色数字印刷机采用独有的液态电子油墨技术，号称彩色数字胶印机，是高质量成像技术和高速输出的完善结合。电子油墨是浓缩的胶状物，工作时通过压力将胶状物压入管状密封罐，密封罐中的胶状物再送入液体呈色剂容器，并利用油液来稀释，组成以液体为载体的带电颗粒混合物。图 4-102、图 4-103 所示的是 HP Indigo 第二代设备 3050 内部结构示意图及设备实样。

③ 静电印刷技术特点。静电成像技术起步较早，随着数字技术的快速发展，静电印刷设备逐渐走向成熟，无论在印刷速度、印刷幅面，还是印刷质量，这几年都有显著提升。在 China Print2013 展会上，有的静电印刷机型，印刷速度可达每小时 9600 张 A4，最高分辨率可达 2438×2438 dpi，印刷品质与胶印相当。有的静电印刷机型最大幅面可至 B2

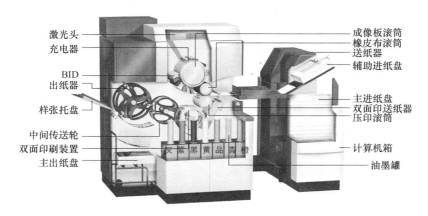

图 4-102 Hp Indigo Press 3050 内部结构

尺寸，印刷纸张厚度达 350g。

（2）喷墨印刷 《GB/T 9851.1—2008 第 1 部分 基本术语》中对喷墨印刷的定义是：喷墨印刷（Ink Jet Printing）是根据计算机的指令将细微的墨滴导向承印物的一定部位，使之产生可视文字或图像的无接触印刷方式。

喷墨印刷大体上分为两大类，一类是连续喷墨印刷，一类是按需喷墨印刷。

① 连续喷墨印刷。连续喷墨印刷的原理是：墨水通过压电振荡器变成具有一定频率，可通过喷嘴往外喷射的墨点。这种微墨滴随同墨滴流通过偏转电极时，微墨

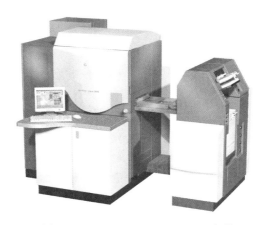

图 4-103 Hp Indigo Press 3050 实样

滴被充电，比它大的小墨滴未被充电。充电结束后，被充电的微墨滴在偏转达电极之间直流电声的作用下发生偏转，形成需要的墨水束，射到承印物上形成图文，不充电的小墨滴不发生偏转，重新流入墨水系统内供再利用。当图像信号为零时，从喷嘴里喷出的墨水直接射到一个收墨装置内，经过滤器过滤后，重新使用。因此，无论是否处于印刷状态，墨水总是在不断地喷射着，故称为连续喷墨印刷。连续喷墨印刷原理如图 4-104 所示。

连续喷墨印刷系统具有频率响应高，可实现高速印刷等优点，主要应用在工业方面，如标签、车票、纸箱等粗糙表面、金属表面、塑胶表面，优点是速度快、承印物范围广泛。缺点是这种印刷系统结构比较复杂，需要加压装置、充电电极和偏转电场，终端要有墨滴回收和循环装

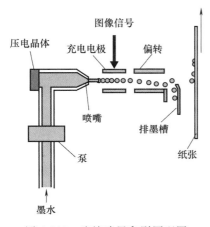

图 4-104 连续喷墨印刷原理图

置，在墨水循环过程中需要设置过滤器以过滤混入的杂质和气体等，工业化设备成本较高。

② 按需喷墨印刷。按需喷墨印刷技术又称为随机式喷墨技术，这是一种使墨滴从小孔中喷出并立即附在承印物上需要成像的区域。这种喷墨技术的喷嘴供给的墨滴只有在需要印刷时才喷出。

目前随机式喷墨技术主要有热喷墨技术、压电喷墨技术。

a. 热喷墨技术。热喷墨技术又称热气泡喷墨技术，其墨水腔的一侧为加热板，另一侧为喷孔，发热板在图文信号控制的电流作用下迅速升温到高于油墨的沸点，与加热板直接接触的油墨汽化后形成气泡，气泡充满墨水腔使油墨从喷孔喷出，到达承印物。

热喷墨技术的主要优点是喷头结构简单，可做到高密度印字，缺点是使用的墨水只限于不怕热的油墨，喷头寿命较短。热喷墨技术一般适用于传单、条形码等产品的印制。热喷墨技术工作原理如图 4-105 所示。

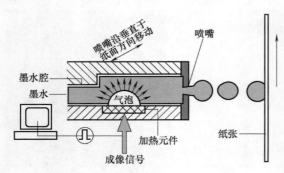

图 4-105　热喷墨工作原理示意图

b. 压电喷墨技术。压电喷墨技术是将许多小的压电元件放置到喷墨头的喷嘴附近，利用它在电压作用下会发生形变的原理，适时地把电压加到它的上面。压电元件首先在信号的控制下微微收缩，然后产生一次较大的延伸，使喷嘴中的墨滴迅速喷出，在输出介质表面形成图案。

压电喷墨技术的主要优点是容易控制喷墨量，喷头寿命长，缺点是喷头结构复杂，喷头容易发生堵墨。压电喷墨技术一般适用于新闻出版、商业印刷等宽幅产品的喷印。压电喷墨技术工作原理如图 4-106 所示。

除了上述两种喷墨技术之外，另一种静电喷墨技术目前正处于研发阶段。该技术是在墨水喷射系统和承印材料间建立电场，喷墨系统的控制部分按页面图文内容对应的

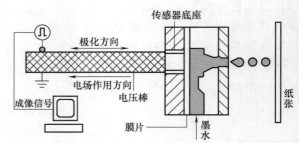

图 4-106　压电喷墨工作原理示意图

数字信息产生控制脉冲，再传递到喷嘴；控制脉冲信号导致墨滴释放，并在电场的控制下喷射到承印物。静电喷墨工作原理如图 4-107 所示。

③ 喷墨印刷技术特点。

a. 用计算机控制喷墨印刷，工艺简单，生产周期短。

b. 喷墨印刷的印刷装置不需与承印物接触，可以不受承印物几何形状的限制，几乎可以在一切固体表面进行印刷。例如可以在垂直墙壁、圆柱面、罐头盒、瓦楞纸箱等物体上印刷，也可以在凹凸不平的皱纹纸、普通纸、皮毛、丝绸、铝箔等柔性材料上印刷。喷墨印刷由于无需在承印物表面施加压力，所以对于易碎的承印物如玻璃、陶瓷、鸡蛋壳等

尤为适宜。

　　c. 喷墨印刷可实现多色印刷：喷墨印刷系统中允许使用各种彩色油墨进行彩色印刷，如在传统四色印刷基础上再加上 30％的青色、30％的品红色或 30％的黑色，形成六色或七色印刷，从而提高印刷产品质量。

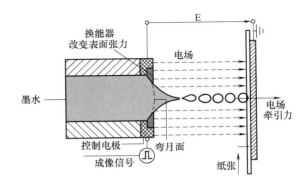

图 4-107　静电喷墨工作原理示意图

　　d. 喷墨印刷生产成本低，印刷幅面大，可使用水性油墨，机器噪音很小，对环境污染小。

　　e. 可实现可变数据印刷，满足用户短版印刷活件以及个性化印刷需求。

　　(3) 静电印刷与喷墨印刷的适用性　随着静电印刷与喷墨印刷各自相关技术的提升，二者在印刷速度、印刷幅面和印刷质量上将日趋接近，难分伯仲。但相比而言，静电数码印刷设备更适合小批量、高精度的印刷订单，喷墨印刷设备在对精度要求不高的大批量、可变数据印刷领域更具优势。

　　喷墨印刷设备应该代表着未来数码印刷的发展方向：比潜力，显然正在快速发展的喷墨印刷设备要比已经成熟的静电印刷设备更胜一筹；比成本，使用更少耗材、更少消耗并具有更快速度的喷墨印刷更低廉一些；比环保，喷墨印刷技术所使用的水性或 UV 油墨比静电印刷设备更加绿色；比承印物，喷墨印刷技术的适应范围更加广泛。

4.5.3　数字印刷应用

　　(1) 数字印刷特点

　　数字印刷具有以下几个特征：

　　① 印刷过程全面实现数字化，它直接把数码文件和页面转换成印刷品，生产工序间不需要胶片和印版，较传统印刷工序大为简化，在少量印刷及急件印刷上有着绝对的优势。

　　② 数字印刷的信息可以是百分之百的可变信息，相邻输出的两张印刷品可以完全不同，真正体现个性化印刷。

　　③ 可通过互联网进行版面传输，实现异地印刷。

　　数字印刷产品的印迹特征见书后彩图 16。

　　(2) 数字印刷应用　数字印刷不再局限于文印中心印刷文件资料。其应用范围越来越广。在包装印刷行业主要用在包装物的标签、生产日期，条形码的打印等方面；在彩色图像的印前处理系统中用于彩用印刷的预打样；在商业中用于印制各种商业单据、票证、表格等；还可以记录从人造卫星传来的各种数据、绘制大气云图、记录远距离传输的文字、图像信息。具体应用范围如下：

① 商业印刷：短版印刷、可变数据印刷。

② 个人及家庭影像：个人摄影集、个人台历/挂历、旅行纪念册和家庭成员成长册等个性化印刷。

③ 图书按需出版市场：图书的印数越来越少，图书销售的热点流转越来越快，因而图书印制的周期也必须缩短。

④ 票据印刷：各种票据呈现出越来越强的个性化倾向，公用事业、电信、邮政、各类车票、银行、证券、保险等个性化票据数码印刷。

⑤ 标签印刷：标签印刷市场经过多年的发展，出现新的市场趋势和变化，短版化，小批量，个性化的需求越来越多，并且交货周期越来越短，这显然是传统标签印刷难以做到。数字印刷设备这几年的不断发展和成熟，使得标签数字印刷机在最近几年取得了长足的发展，性能不断提升，成本持续降低。

⑥ 宽幅广告与海报印刷：宽幅印刷是指宽度从 1.2m 到 10m 的印刷业务，如果以面积衡量，则宽幅印刷也指 1 平方米到数百平方米的印刷业务，有时甚至会超过上千平方米，例如高速公路旁的巨幅广告以及大型活动项目的宣传广告。

宽幅印刷历来是丝网印刷的领地，丝网印刷不仅适合于各种介质，也适合于在不同形状的承印材料表面印刷，但其明显的缺点是生产效率不高，也缺乏连续印刷能力，因而不能适应那些既宽又长的印刷业务。

目前宽幅数字喷绘产业已是一个快速发展的高效益、高利润行业。随着宽幅喷绘市场的迅猛发展，宽幅数码彩色喷绘产品的使用也越来越广泛，在展览广告设计、宽幅海报打印、户外看板制作、各类楼宇、路牌、灯箱广告、装饰装潢和看摄影等行业都有了非常广泛而深入的应用。

⑦ 印染行业：近几年，我国的纺织印染业高速发展，印花产量也同步增长。与此同时，服装流行周期却越来越短，花型变化越来越快，生产要求越来越高，订货批量越来越小。传统的印染工艺已越来越难以适应这种变化。而数码印花技术的出现，使这个难题迎刃而解。过去一个产品从设计到交货需要几天甚至几十天，现在顾客选定了花型和面料，1～2 小时成品便可到手，能较好满足消费者穿着或装饰的个性化需求。21 世纪数码技术将以最快的速度与网络技术结合，进而实现完全个性化的、一对一的量身定制的经营模式，它将对 21 世纪我国纺织业的发展产生重大影响。

⑧ 印刷电子：印刷电子曾被称作印制电子或全印制电子。全印制电子技术是指采用快速、高效和灵活的数字喷墨打印技术在基板（无铜箔）上形成导电线路和图形，或形成整个印制电路板的过程。印刷电子制造技术中使用的"油墨"是具有导电、介电或半导体性质的材料。

印刷电子技术目前还处于产业发展的初期，但是已显现其市场规模具有很大的发展潜力。据调查数据显示，印刷电子技术和产业涉及面很广，包括能印制形成电路或者电子元器件的有机、无机或者合成材料，生成晶体管、显示器、传感器、光电管、电池、照明器件、导体和半导体等器件，以及互连电路的工艺与产品。

习题

一、判断题

1. CTF 工艺所使用的记录影像材料主要是银盐感光材料。

2. 计算机直接制版是一种无需胶片的制版方法，英文简称 CTP。

3. 数字打样所需要的条件和一般的打印条件是相同的。

4. 热敏 CTP 使用的成像光源是 830nm 的红外激光光源，使用热敏版材成像。

5. 紫激光 CTP 使用的成像光源泛指波长在 300～500nm 的激光发生器。

6. 平版印刷又称胶印，是因为平版印刷时，需要在其印版表面进行上胶处理。

7. 平版胶印刷时所使用的印版，印版上图文方向是反向的。

8. 平版印刷的产品，其印迹特征表现为文字或线条边缘光洁。

9. 柔版印刷是使用凸印版将油墨转移到承印物表面的印刷方式。

10. 胶片柔版制版工艺中所使用的菲林片是阳图胶片。

11. 数字柔印版上黑胶层，是用来通过激光烧蚀形成图文部分的，其作用类似于菲林片。

12. 柔性版印刷是指利用柔性印版，并通过橡皮滚筒传递油墨的凸版印刷方式。

13. 凸版印刷机印刷时所使用的印版是硬性的感光树脂版，并通过网辊传递油墨。

14. 凹版印版是依靠下凹网穴深浅或开口面积大小来表现图像阶调层次。

15. 激光雕刻技术是目前凹版印刷行业应用最广的制版技术。

16. 机械电磁式雕刻所形成的网穴，具有深浅和面积同时变化的特性。

17. 凹版印刷机最主要的特点是使用刮墨刀，以刮除印版图文部分的油墨。

18. 丝网印版上的封网部分即为原稿的空白部分。

19. 静电印刷是不借助压力，而用异性静电相斥的原理获取图像的印刷方式。

20. 喷墨印刷的印刷幅面要比静电印刷大，应用范围也要比静电印刷广。

二、选择题（单项）

1. _____广泛应用于报纸、书刊等纸张印刷中，它占据着印刷工业的主导地位。

A. 凸版印刷　　　　B. 平版印刷　　　　C. 凹版印刷　　　　D. 丝网印刷

2. _____印刷的成品墨色厚实，色彩鲜艳，并具有防伪功能，适合印刷有价证券、精美画册、食品包装等。

A. 凸版印刷　　　　B. 平版印刷　　　　C. 凹版印刷　　　　D. 丝网印刷

3. 传统 PS 版制作时要用_____对印版进行曝光。

A. 红外光　　　　　B. 蓝光　　　　　　C. 紫外光　　　　　D. 绿光

4. 下列印刷方式中，最环保、被称为绿色印刷的印刷方式是_____。

A. 胶印　　　　　　B. 丝印　　　　　　C. 凹印　　　　　　D. 柔印

5. 下列印刷方式中属于间接印刷的是_____。

A. 胶印　　　　　　B. 柔印　　　　　　C. 凹印　　　　　　D. 丝印

6. 承印物范围最广的印刷是_____。

A. 丝印　　　　　　B. 柔印　　　　　　C. 凹印　　　　　　D. 胶印

7. 可用墨层厚度变化表现色彩浓淡的常规印刷是_____。

A. 丝印刷　　　　　　B. 柔印　　　　　　C. 凹印　　　　　　D. 胶印

8. 耐印力最高，大量印刷最廉价的印刷方式是_____。

A. 丝印　　　　　　　B. 柔印　　　　　　C. 凹印　　　　　　D. 胶印

9. 能实现可变数据印刷的印刷方式是_____。

A 数字印刷　　　　　B. 凸版印刷　　　　C. 凹版印刷　　　　D. 平版胶印

10. 承印物范围类似于丝网印刷的印刷方式是_____。

A 静电印刷　　　　　B. 喷墨印刷　　　　C. 凹版印刷　　　　D. 平版胶印

11. _____采用滚筒旋转、记录头横向移动的方式完成对印版的记录曝光。

A. 内鼓式制版机　　　B. 外鼓式制版机　　C. 绞盘式制版机　　D. 平台式制版机

12. 目前我国使用的凹版印刷滚筒，其制版层是经处理过的金属（　　）。

A. 铝　　　　　　　　B. 锌　　　　　　　C. 铁　　　　　　　D. 铜

13. 对环境污染最严重的印刷方式是（　　）印刷。

A. 平版　　　　　　　B. 喷墨　　　　　　C. 凹版　　　　　　D. 柔版

14. 能使用传统 PS 版进行计算机直接制版的 CTP 技术是_____技术。

A. 紫激光　　　　　　B. 热敏　　　　　　C. CDI　　　　　　D. UV-CTP

15. 就目前技术而言，能通过互联网进行版面传输，实现异地印刷的印刷方式是_____。

A 凸版印刷　　　　　B. 数字印刷　　　　C. 凹版印刷　　　　D. 平版胶印

16. 在以下四种 CTP 技术中，就目前技术而言，相对绿色环保的制版方式是_____技术。

A. 紫激光　　　　　　B. 热敏　　　　　　C. 喷墨　　　　　　D. UV-CTP

17. 下列印刷机结构中，要用到橡皮滚筒的印刷机械是_____。

A. 丝印机　　　　　　B. 柔印机　　　　　C. 凹印机　　　　　D. 胶印机

18. 激光照排机是输出_____的印前设备。

A. 校对样张　　　　　B. 印版　　　　　　C. 胶片　　　　　　D. 原稿

19. T 恤衫上印制彩色图案一般可采用_____印刷。

A. 平版　　　　　　　B. 丝网　　　　　　C. 凹版　　　　　　D. 柔版

20. 下列四种印版的制作成本，最高的是_____。

A. 凹版　　　　　　　B. 丝网　　　　　　C. 平版　　　　　　D. 柔版

三、问答题

1. 简述平版印刷的特点和应用领域。

2. 简述柔版印刷的特点和应用领域。

3. 简述凹版印刷的特点和应用领域。

4. 简述丝网版印刷的特点和应用领域。

能力项目

一、课外实践

1. 目的：通过实践，使学生了解所在学校或实训基地的平版制版、平版印刷的相关工艺、设备等情况，加深对课堂教学内容的理解。

2. 要求：按要求完成下表填写（相应选项前打√，可复选）

表1　　　　　　　　　　学校或实训基地平版印刷条件

你所在学校或实训单位平版制版工艺是：	□ CTF　　□ CTP（或）　　□ CTCP
若使用CTP(或CTF)工艺,系统供应商是：	□柯达(美国)　□爱克发(比利时)　□富士(日本)　□网屏(日本) □海德堡(德国)　□洛桑(瑞士)　□帝豹(美国) □贝斯印(德国)　□科雷(杭州科雷)　□酷豹(营口冠华) □雕龙(北大方正)　□华光(乐凯)　　其他_____
若使用CTP工艺,所用版材成像体系是：	□ 热敏　□ 紫激光　□ 喷墨　□ 静电　其他_____
你所在学校或实训基地的平版印刷机是：	□ 单色　□ 双色　□ 四色　　□ 多色
你学校或实训基地平版印刷机供应商是：	□海德堡(德国)　□曼罗兰(德国)　□高宝(德国) □小森(日本)　□三菱(日本)　□上海电气　□北人 □高斯　□上海光华　其他_____

二、印刷方式认知

1. 目的：通过对印刷品的认知，了解不同印刷方式的特征及适应领域，并能根据印刷品产品印迹特征判断其印刷方式。

2. 要求：（1）请同学们课后收集不同种类的印刷品，并在纸样上注明种类；

（2）用高倍率放大镜对收集的印刷品进行鉴别，并对照书后彩页中的印刷品产品印迹特征，判断各印刷品的印刷方式。

第5章
印后加工

我国《GB/T 9851.1—2008 印刷技术 标准术语》，8.1 对印后的定义是：印后（Post-press）是使印刷品获得所要求的形状和使用性能以及产品分发的后序加工。

不同的印刷品所进行的印后加工是不同的，但印后加工主要是进行书刊装订和印刷品的表面装饰。书刊装订是指将书页、书贴加工成册工艺的总称，也就是按照开本大小，将印刷页面折成书贴，经配贴、订本制成书芯，最后给订联成册的书芯包上封面或书壳，制成方便阅读的书籍产品。印刷品表面装饰，就是对已完成印刷工序的包装产品的表面进行再加工的过程。

5.1　书刊装订

我国《GB/T 9851.1—2008 印刷技术 标准术语》第七部分中对装订的定义是：装订（Binding）是将印张加工成册所需的各种加工工序的总称。对装订工艺的定义是：装订工艺（Binding Process）是将印张加工成册所采用的各种方式。

书刊装订是书刊印刷的最后一道工序。书刊印刷在印刷完毕后，仍是半成品，只有将这些半成品用各种不同的方法连接起来，再采用不同的装帧方式，把书刊、杂志加工成便于阅读、检索资料、携带及保存的印刷品。同时也为了美化书籍，提高书刊的使用价值。

书刊的装订，包括订和装两大工序。订就是将书页订成本，是书芯的加工。装是书籍封面的加工，就是装帧。

5.1.1　书刊平装工艺

一本书按其制作过程可以大体分成三个步骤：印前制作、印刷、印后装订，书刊装订是组成书刊印刷的最后一道工序，只有通过装订，才能使单张的页面成册，成为便于人们翻阅和保存的书籍、画册等。

书刊装订有多种形式，主要形式有平装、精装、线装三类，线装主要用于少量珍贵版本书和仿古书籍，一般书籍主要用有平装和精装。按照装订的方法分为手工装订、半自动装订和使用联动机的全自动装订等。

平装的书籍一般以纸质软封面为特征，是比较普及的一种装订方法，现有成套的生产设备及比较规范的工艺过程，适合装订发行量较大的教科书、通俗读物等。一般可分为平订、骑马订、缝线骑马订、穿线胶装、胶装、线圈装、机械装、活页装等种类。

一般装订流程如图 5-1。

撞页裁切 ⟶ 折页 ⟶ 配书帖 ⟶ 配书芯 ⟶ 订书 ⟶ 包封面 ⟶ 切书

图 5-1 一般装订流程图

（1）撞页裁切 印刷好的大幅面书页撞齐后，用单面切纸机裁切成符合要求的尺寸。

切纸机按其裁刀的长短，分为全张和对开两种。按其自动化程度可分为全自动切纸机、半自动切纸机。操作时，要注意安全，裁切的纸张、切口应光滑、整齐、不歪不斜、规格尺寸符合要求。

（2）折页 折页就是将印张按页码顺序折叠成书帖的工艺。

在设计折页方式时，应考虑出版物的开本尺寸、页数、印刷装订设备等要素。通常书刊中图文的位置与顺序是根据折页过程中，纸张转动的情况和折缝的位置而定的。

除带有折页装置的卷筒纸轮转印刷机外，所有的印刷机印出的印张（除活页装订及单张胶装的印刷品外）均需经过折页。

① 折页方式。目前折页的方式大致可分为如图 5-2 所示的几种方法。

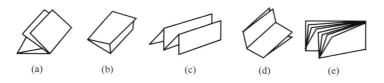

（a）　　　　（b）　　　　（c）　　　　（d）　　　　（e）

图 5-2 折页的方法

（a）平行折页 （b）包心折页 （c）扇形折页 （d）垂直折页 （e）混合折页

a. 平行折：又称滚折，适用于零散单页、畸开、套开等页张，做折手时要根据产品的成品尺寸等确定印刷幅面。又分为双对折、卷筒折、翻身折。

双对折：将纸平放对折后再平行对折 1 次。

包心折：又称卷筒折或信笺折。第一折的页码夹在中间，再折第二折或第三折，最多不超过三折。

扇形折：又称翻身折、折子式折页或手风琴折。第一折折好后，向相反方向折第二折，依次来回折，使前折缝与后折缝呈平行状。

b. 垂直交叉折：又称转折，将纸平放对折，然后顺时针方向转过一个直角后再对折，依次转折即可得到三折手和四折手（注意，折页时折数最多不能超过 4 折）。这是最常用的折页方法，其特点是书帖折页、粘套页、配页、订锁等加工方便，折数与页数、版数存在一定规律，易于掌握，也便于折刀式折页机折叠作业。

c. 混合折：同一书帖折页时，既采用平行折，又采用垂直交叉折。这种折法多用于 6 页、9 页、双联折等书帖，适合于栅栏式折页机折叠作业。

三折 6 页书帖的折法：将纸放平，按包心折法折两折，然后按顺时针方向转 90°再对折。

双联折法：上下页连接成一帖，即有两组相同的页码称为双联。双联装订可使装订作业达到事半功倍的效率。将纸张放平先对折，再按顺时针方向转 90°后对折，然后再对折，双联折页的变化见图 5-3 所示。

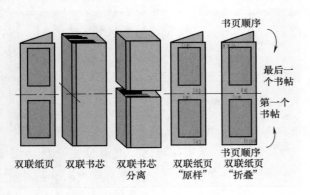

图 5-3　双联折页（一张纸上印有两个相同的部分）的变化

② 折页设备。目前，我国的印刷厂，大部分采用机械折页。但是，如果印刷份数不多，或是畸形开本中某些不能采用机折的书帖，就必须用手工来折页。手工折页是折页的一种辅助方法。

折页设备即折页机分为刀式折页机、栅栏式折页机和栅刀混合式折页机，有全张和对开两种。不同折页工艺如图 5-4 所示。

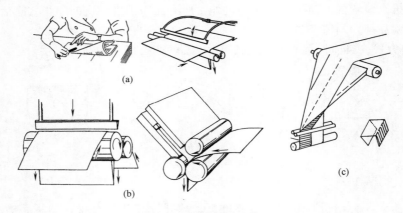

图 5-4　不同折页工艺

（a）手工折页和机械折页　（b）刀式折页和栅栏式折页　（c）卷筒纸折页

a. 栅栏式折页机。栅栏式折页机是利用折页栅栏与相对旋转的折页辊和挡板相到配合完成折页工作的。栅栏式折页机机身较小，占地面积小，折页方式多，折页速度快，具有较高的生产效率，操作方便，维修简单。但是栅式折页机所能折页的幅面最大为对开，而且对纸张的厚度、硬度、平滑度比较敏感。栅栏式折页机经常用于传单和小册子的折页。栅栏式折页原理图及设备实样见图 5-5、图 5-6 所示。

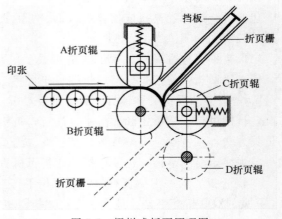

图 5-5　栅栏式折页原理图

图 5-6　栅栏式折页机

　　b. 刀式折页机。刀式折页机采用折刀将纸张压入旋转着的两个折页辊的横缝里，通过两个辊与纸张之间的摩擦力来完成折页过程。这种折页机可以折全张的印张，折页精度高，并可以很好地处理较厚重的材料。刀式折页原理图及设备实样见图 5-7、图 5-8 所示。

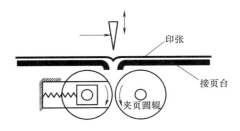

图 5-7　刀式折页原理

图 5-8　刀式折页机

　　c. 混合折页机。根据混合折页机组成机构，混合折页机可分为栅刀混合式折页机、卷筒纸轮转机折页装置。

　　栅刀混合式折页机。栅刀混合式折页机，是当今书刊装订主要设备。其结构特点一般是一、二折采用栅栏式，故折页速度快；三、四折采用刀式结构，因而折页质量好，性能稳定，调整简单，操作维修方便。

　　栅刀混合式折页机在某种程度上取代了刀式和栅栏式折页机的优点，折页的幅面较大，对纸张的密实程度没有特别要求，和刀式折页机相比，大大提高了生产效率。目前国外生产的折页机，一般都采用栅刀混合式结构。栅刀混合式折页机如图 5-9 所示。

　　卷筒纸轮转机折页装置。用于印刷报纸、书刊等的大型轮转印刷机，印刷后端往往连接有卷筒纸的自动折页装置。这种装置不同于单张纸折页机，它不独立于印刷机之外而是作为卷筒纸轮转机的一个组成部分。除了

图 5-9　混合式折页机

折页外，它还具备裁切、输出书帖等功能。

折页装置的主要操作是：纵切纸幅，纵折纸幅，横切纸幅成为单张，横折与纵折切下列的单张，收集折好的书帖等。为了完成上述操作，折页装置应包括纸带的纵切和横切机构、纵折和横折机构、纸帖输出机构等。卷筒纸折页装置中所采用的折页方式也比单张纸折页机要多，折页方式主要有冲击式折页和滚折式折页。

冲击式折页原理：活动折刀伸出折页滚筒冲折纸张，将纸张推至两个连续旋转的其表面加工有直纹的折辊之间，依靠表面与纸张的摩擦力将所折页帖向下推送同时将折缝压实。冲击式折页结构较简单，适合于高速，但折页精度不高，因此大都应用在新闻印刷用卷筒纸报版轮转印刷机上。

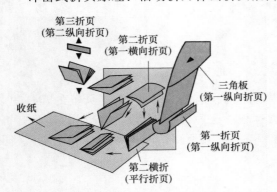

图 5-10 滚折式折页原理

滚折式折页机原理：依靠相对滚筒的两滚上的折刀和夹板相互完成配合，折刀将待折书沿折缝顶入夹板滚筒的滚筒缺口靠板和活动夹板之间，由夹板夹紧完成折页，折页过程是在旋转过程中完成的，滚折式折页机折页精度相对较高。滚折式折页原理见图 5-10 所示。

（3）配书帖 在一本书当中，往往有些不同于正文纸张或颜色印刷的单页，还有内容与正文有关的艺术插图或作者照片等插页。把这些单页或插页按页码顺序套入或粘在某一书帖中的过程就是配书帖。

（4）配书芯 把整本书的书帖按顺序配集成册的过程叫配书芯，也叫排书，有套帖法和配帖法两种。

① 套帖法。将一个书帖按页码顺序套在另一个书帖里面或外面，形成两帖厚而只有一个帖脊的书芯。该法适合于骑马订。例如一本书刊有 64 个页码，每一帖为 16 个页码（即 64P，每帖 16P），采用骑马订，折页、装订为套帖式，则其版面的排列方法如图 5-11 所示。

② 排帖法。将各个书帖按页码顺序，一帖一帖地叠摞在一起，成为一本书刊的书芯，供订本后包封面，该方法常用于平装书或精装书。则其版面的排列方法如图 5-12 所示。

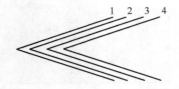

图 5-11 折页、装订为套帖式的方法

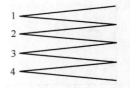

图 5-12 折页、装订为排帖式的方法

配帖可用手工，也可用机械进行。手工配帖，劳动强度大、效率低，还只能小批量生产，因此，现在主要利用配帖机完成配帖的操作。

为了防止配帖出差错，印刷时，每一印张的帖脊处，印上一个被称为折标的小方块。

配帖以后的书芯，在书背处形成阶梯状的标记，检查时，如图5-13所示，只要发现梯档不成顺序，即可发现并纠正配帖的错误。

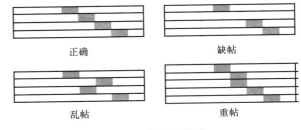

图5-13 书脊的梯挡

将配好的书帖（一般叫毛本）撞齐、扎捆，除了锁线订以外，在毛本的背脊上刷一层稀薄的胶水或浆糊，干燥后一本本地批开，以防书帖散落，然后进行订书。

（5）订书或穿线 将配帖成册的内文书帖经打孔或穿线等方法牢固地连接起来，这一工艺过程叫做订书。常用的方法有骑马订、铁丝钉、锁线订、胶粘订等。

① 骑马订。骑马订是一种快速、低成本的装订方式，它是将套帖配好的书芯连同封面一起，在书脊上用两到三个铁丝订（或钢丝订、铜丝订）扣订牢成为书刊的方法。打钉后再经三边修切就可完成装订。因为在套帖及打钉时，书帖是由中央部位摊开上下层，如屋顶或马鞍状，所以称为骑马订。

骑马订成本低，生产效率高，开书度佳（可达180°）。但因书帖只是由两个铁丝连接，因而牢度较低，翻阅次数较多后，封面和书页易脱落。一般用来订64页以下的薄本书籍、杂志、练习本、小册子等。

② 缝线骑马订。缝线骑马订的装订方式和骑马订相仿，只是将打钉改为用缝纫机进行书脊的整排车缝纫处理，常用于小型电话簿、学生笔记本等的装订，其牢固性比骑马订强，但只适合100页以下的薄本书的装订。

③ 平订。平订是将上下相叠配帖完成的书帖，在距离书背4～6mm处打钉，铁线或钢丝钉由书的首页穿透书芯到末页穿出，钉子再弯折包夹固定书页，然后糊上封面，再三边裁切即告完成。它是低成本且坚固耐翻的装订方式，其好处是厚薄不拘，由二、三十页到三、四百页皆可装订，厚度可达20公分以上，并且可以自由组合书页，插页也可随处放置。所以教科书、学术报告等大都使用这种方式装订。但铁丝受潮易产生黄色锈斑，影响书刊的美观，还会造成书页的破损、脱落，开书度也只能达到130°左右。

④ 锁（封）线订。锁线订在设计上和精装书要求一样严谨，它和精装书只差胶背处理与一个封面书壳而已。锁线订是将配好的书帖，按照顺序用线一帖一帖的串联起来，为了增加锁线订的牢度，在书脊处再粘一层纱布。然后压平捆紧，刷胶帖卡片，干燥后，割成单本，包上封面。

锁线订常用锁线机进行锁线订。锁线订和骑马订一样都有不占订口的优点，摊得开，放得平，阅读时容易翻阅。但它比骑马订牢固，适宜于各类较厚的图书和画册，是质量较高的订书方法，但订书的速度较慢，常用于精装书籍的书芯加工。

⑤ 胶粘订。胶粘订又称无线装订，因为它不用线或铁丝订来固定书页，而是以热熔胶或冷胶将刮削处理的书背或分离的书页粘合，使胶能渗入每一张书页，再粘上封面，待胶固着后，经三边裁切就完成了整本书的装订。胶装具有平订可以自由组合书页的方便，以及骑马订不占装订位置的优点。但若书背刮削技术不良或胶的质量不佳时，很容易使胶粘的书页脱落。

胶粘订的书芯，可用于平装，也可以用于精装。平装订书形式见图 5-14 所示。

通过折页、配帖、订合等工序加工成的书芯，包上封面后，便成为平装书籍的毛本。

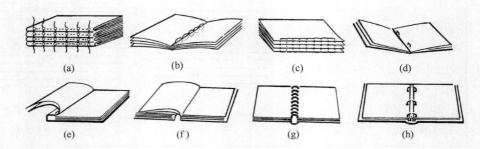

图 5-14　订书形式

(a) 穿线订　(b) 穿线骑马订　(c) 穿线平订　(d) 铁丝骑马订
(e) 铁线平订　(f) 胶水订　(g) 机械装　(h) 活页装

⑥ 塑料线烫订。塑料线烫订所采用的特制塑料线是低熔点和高熔点的人造丝线的复合线。在折最后一折之前，将复合线穿进折缝，从里向外穿出。穿出的两端作为订脚，用加热元件将订脚烫溶，低熔点部分会粘合在书帖背脊上，而高熔点部分的线脚仍翘起保留在背脊上，配帖成册。每个书帖上的高熔点线脚与刷背胶水粘合共同起拉紧各书帖的作用，并提高书籍的牢度和外型质量。

⑦ 连页糊装。此种装订方式用于部分幼儿版的童话书的装订，其装订方式和中式蝴蝶装很相似，内文也是将左右两页书页拼在同版面进行单面印刷（印在厚纸板上）。装订时先将各书页中央部分对折成帖，使有印刷部分向内折，未印刷部分的空白页朝外，再把折好的书页依顺序配帖成册，在完成配帖后将相邻的空白页相互糊合，最后粘上封面，再经三边裁切及切圆角的处理便告完成。

⑧ 机械装（线圈装、双线圈装、胶圈装）。将书纸切成单张后，检集成册，在靠书背边打孔，穿以塑料或铁质的线圈、胶圈夹等不同夹具来固定书页的装订方式。因为此装订作业要靠机械完成，所以统称为机械装。其开书度可达 360°，常用于工作手册、笔记本、小型月历等到的装订。

⑨ 活页装。活页装和机械装的书页处理相同，只是在夹具上活页装的夹具可随时开启抽换、组合、抽阅书页内容。适合账册资料、报告书、相册、底片档案、目录等的装订。

（6）包封面　包封面也叫包本或裹皮。手工包封面的过程是：折封面、书脊背刷胶、粘贴封面、包封面、抚平等。现在除畸形开本书外，很少采用手工包封面。

机械包封面，使用的是包封机。机械包封机的工作过程是：将书芯背朝下放入存书槽内，随着机器的转动，书芯背通过胶水槽的上方，浸在胶水中的圆轮，把胶水涂在书芯脊背部、靠近书脊的第一页和最后一页的订口边缘上。涂上胶水的书芯，随着机器的转动，来到包封面的部位，最上面一张封面被粘贴在书脊背上，然后集中放入烘背机里加压、烘干，使书背平整。

平装书籍的封面应包得牢固、平服，书背上的文字应居于书背的正中直线位置，不能斜歪，封面应清洁、无破损、折角等。

（7）切书　把经过加压烘干、书背平整的毛本书，用切书机将天头、地脚、切口按照开本规格尺寸裁切整齐，使毛本变成光本，成为可阅读的书籍。

切书一般在三面切书机上进行。三面切书机是裁切各种书籍、杂志的专用机械。三面切书机上有三把钢刀，它们之间的位置可按书刊开本尺寸进行调节。

书刊切好后，逐本检查，防止不符合质量要求的书刊出厂。平装书先胶粘封面后再用裁刀将天头、地脚、切口三边切除，而精装书则须在穿线、上胶后三边切除，最后再裱贴上封皮。

（8）平装联动机　为了加快装订速度、提高装订质量，避免各工序间半成品的堆放和搬运，采用平装联动机订书。平装联动机主要有骑马装订联动机和胶粘订联动机两种类型。

骑马装订联动机也叫三联机。它由滚筒式配页机、订书机和三面切书机组合而成。能够自动完成套帖。骑马装订联动机，生产效率高，适合于装订64页以下的薄本书籍，如期刊、杂志、练习本等。但是，书帖只依靠两个铁丝扣连接，因而牢固度差。

无线胶订联动机，能够连续完成配页、撞齐、铣背、锯槽、打毛、刷胶、粘纱布、包封面、刮背成型、切书等工序。有的用热熔胶粘合，有的用冷胶粘合，自动化程度很高。

平装联动机如图5-15所示。

图5-15　平装联动机

5.1.2　精装书装订工艺

精装的书身和穿线与平装相同，但外壳不同，它分为硬面精装及软面精装两类。硬面精装坚固耐用，便于保存，一般百科全书或图书馆典藏的经典书都采用这类装订方式。硬面精装又因书背结构不同，分为圆背精装（又称腔背装）、方背精装（又称硬背装）、软背精装三种。软面精装通常采用封面、封底与书背连成一体的软质封皮装订而成，阅读方便，一般字典等经常使用翻阅的书籍常采用这类装订方式。

精装书的封面、封底一般采用丝织品、漆布、人造革、皮革或纸张等材料，粘贴在硬纸板表面作成书壳。按照封面的加工方式，有书脊槽和无书脊槽书壳。书芯的书背可加工成硬背、腔背和软背等，造型美观、坚固耐用。精装书背如图5-16所示。

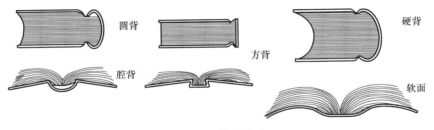

图5-16　精装形式

精装书的装订工艺流程为：书芯的制作→书壳的制作→上书壳

（1）书芯制作　书芯制作的前一部分和平装书装订工艺相同，在完成书籍整体装订之后，就要进行精装书芯特有加工过程。书芯为圆背有脊形式，可在平装书芯基础上，经过压平、刷胶、干燥、裁切、扒圆、起脊、刷胶、粘纱布、再刷胶、粘堵头布、粘书脊纸、干燥等完成精装书芯的加工。书芯为方背无脊形式，就不需要扒圆。书芯为圆背无脊形式，就不需要起脊。

① 压平。压平是在专用的压书机上进行，使书芯结实、平服，提高书籍的装订质量。

② 刷胶。用手工或机械刷胶，使书芯达到基本定型，在下道工序加工时，书帖不发生相互移动。

③ 裁切。对刷胶基本干燥的书芯，进行裁切，成为光本书芯。

④ 扒圆。由人工或机械，把书脊背脊部分，处理成圆弧形的工艺过程，叫做扒圆。扒圆以后，整本书的书帖能互相错开，便于翻阅，提高了书芯的牢固程度。带扒圆生产线如图 5-17。

⑤ 起脊。由人工或机械，把书芯用夹板夹紧加实，在书芯正反两面，接近书脊与环衬连线的边缘处，压出一条凹痕，使书脊略向外鼓起的工序，叫做起脊，这样可防止扒圆后的书芯回圆变形。

⑥ 书脊加工。加工的内容包括：刷胶、粘书签带、贴纱布、贴堵头布、贴书脊纸。

贴纱布能够增加书芯的连接强度和书芯与书壳的连接强度。堵头布，贴在书芯背脊的天头和地脚两端，使书帖之间紧紧相连，不仅增加了书籍装订的牢固性，又使书变得美观。书脊纸必须贴在书芯背脊中间，不能起皱、起泡。书脊加工如图 5-18所示。

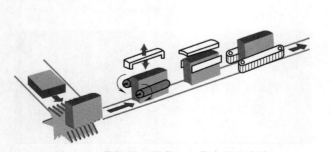

穿线

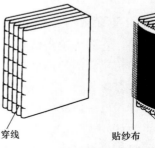

贴纱布　堵头布　背纸

图 5-17　带扒圆（圆背）工作台的生产线　　　　图 5-18　书脊加工

（2）书壳制作　书壳是精装书的封面。书壳的材料应有一定的强度和耐磨性，并具有装饰的作用。

用一整块面料，将封面、封底和背脊连在一起制成的书壳，叫做整料书壳。封面、封底用同一面料，而背脊用另一块面料制成的书壳，叫做配料书壳。

作书壳时，先按规定尺寸裁切封面材料并刷胶，然后再将前封、后封的纸板压实、定位（称为摆壳），包好边缘和四角，进行压平即完成书壳的制作。由于手工操作效率低，现改用机械制书壳。

制做好的书壳，在前后封以及书背上，压印书名和图案等。为了适应书背的圆弧形状，书壳整饰完以后，还需进行扒圆。

（3）上书壳 把书壳和书芯连在一起的工艺过程，叫做上书壳，也叫套壳。

上书壳的方法是：先在书芯的一面衬页上，涂上胶水，按一定位置放在书壳上，使书芯与书壳一面先粘牢固，再按此方法把书芯的另一面衬页也平整地粘在书壳上，整个书芯与书壳就牢固地连接在一起了。最后用压线起脊机，在书的前后边缘各压出一道凹槽，加压、烘干，使书籍更加平整、定型。如果有护封，则包上护封即可出厂。

精装书，装订工序多，工艺复杂，用手工操作时，操作人员多、效率低。目前采用精装联动机，能自动完成书芯供应、书芯压平、刷胶烘干、书芯压紧、三面裁切、书芯扒圆起脊、书芯刷胶粘纱布、粘卡纸和堵头布、上书壳、压槽成型、书本输出等精装书的装订工艺。

5.2　印刷品表面装饰加工

为增强印刷品的印刷效果的实用功能，常运用各种印后加工技术，来提高印刷品的品质、强化印刷品的功能。常用的印后加工方法有上光、覆膜、复合薄膜、烫箔、模切及压痕、凹凸压印等多种方法。

5.2.1　上光

我国《GB/T 9851.1—2008 印刷技术标准术语》第七部分中对上光的定义是：上光是在印品表面涂布透明光亮材料的工艺。

（1）上光作用 在印刷品表面涂布上光材料后，能提高印刷品表面的光泽度、防水性、耐磨性和表面强度；防污、防水、耐光、耐热，保护和延长印刷品使用寿命；使印刷品产生特殊效果，增强产品外观的艺术感和陈列价值；从而提高印刷品的装饰效果和使用价值。

（2）上光技术分类

① 按上光面积分。按上光面积分，上光技术按可分为全面上光和局部上光两大类。全面上光可增加纸张表面亮度及印迹的耐磨强度，大部分的平装书封面扩精装书的封面、书皮多采用全面上光。而局部上光则多数使用在印刷品表面须特别强调、突出的部分或反光度较强的部分，使印刷品表面更加立体化，强化印刷品的视觉效果。因而被广泛地应用在包装装潢、书刊封面、画册、商标、广告、挂历、大幅装饰画、招帖画等印刷品的表面加工中。

② 按上光方法分。按上光方法分，上光技术可分普通上光、压光上光和 UV 上光。

普通上光，即涂布上光，是将涂料（俗称上光油）涂敷于纸印刷品表面流平干燥的过程。压光上光是先用普通上光机在纸印刷品表面涂敷压光涂料，待干燥后再到压光机上借助不锈钢光带热压，冷却后剥离的工艺。

③ 按光油干燥方式分。有溶剂挥发型上光、UV 上光（紫外线上光）和热固化上光，现就 UV 上光介绍如下：

　　UV 上光即紫外光上光，是以 UV 专用的特殊涂剂，精密均匀涂布于印刷品表面后，经紫外线照射，在极快速度下干燥硬化而成。经 UV 上光的印刷品具有较高的耐磨性及亮丽效果，并且拥有抗紫外线的功能，印墨的颜色不易褪去，适用范围极广。

　　UV 上光使用的 UV 上光油不是靠传统的加热挥发干燥，而是利用紫外光的光能量使其固化。UV 上光具有高亮度、不退光、高耐磨性、干燥快速、无毒等特点。

5.2.2　覆膜

　　我国《GB/T 9851.1—2008 印刷技术标准术语》第七部分中对覆膜的定义是：覆膜（Film Laminating）是将涂有黏合剂的塑料薄膜覆合到印品表面的工艺。

　　（1）覆膜作用　覆膜后的印刷品，其表面会覆盖一层 0.012～0.020mm 厚的透明塑料薄膜，根据薄膜材料的不同分为亮光膜、亚光膜两种。

　　经过覆膜的印刷品，由于表面多了一层薄而透明的塑料薄膜，表面更加平滑光亮，不但提高了印刷品的光泽度和牢度，延长了印刷品的使用寿命，同时塑料薄膜又起到防水、防污、耐磨、耐折、耐化学腐蚀等保护作用。如果采用透明亮光薄膜覆膜，覆膜产品的印刷图文颜色更鲜艳，富有立体感，特别适合绿色食品等商品的包装，能够引起人们的食欲和消费欲望。如果采用亚光薄膜覆膜，覆膜产品会给消费者带来一种高贵、典雅的感觉。因此，覆膜后的包装印刷品能显著提高商品包装的档次和附加值。

　　（2）覆膜技术分类　　根据所采用原材料和设备的不同，可以将覆膜工艺分为即涂膜覆膜工艺和预涂膜覆膜工艺两种。即涂膜覆膜工艺所用的薄膜是现涂布的。所使用的黏合剂一般有溶剂型和乳液型两种，并且是随用随配的。而预涂膜覆膜工艺所用的薄膜是预先涂布好的，所使用的黏合剂一般有热熔型和溶剂挥发型两种。

　　按照纸质印刷品的覆膜过程又可将覆膜工艺分为三类：干式覆膜法、湿式覆膜法和预涂覆膜法。

　　① 干式覆膜法。干式覆膜法是目前国内最常用的覆膜方法，它是在塑料薄膜上涂布一层黏合剂，然后经过覆膜机的干燥烘道蒸发除去黏合剂中的溶剂而干燥，再在热压状态下与纸质印刷品黏合成覆膜产品。

　　② 湿式覆膜法。湿式覆膜法是在塑料薄膜表面涂布一层黏合剂，在黏合剂未干的状况下，通过压辊与纸质印刷品黏合成覆膜产品。自水性覆膜机问世以来，水性覆膜工艺得到了推广应用，这与湿式覆膜工艺所具有的操作简单，黏合剂用量少，不含破坏环境的有机溶剂，覆膜印刷品具有高强度、高品位、易回收等特点密不可分。目前，该覆膜工艺越来越受到国内包装厂商的青睐，已经广泛用于礼品盒和手提袋之类的包装。

　　③ 预涂覆膜法。预涂覆膜法是覆膜厂家直接购买预先涂布有黏合剂的塑料薄膜，在需要覆膜时，将该薄膜与纸质印刷品一起在覆膜设备上进行热压，完成覆膜过程。预涂覆膜法省去了黏合剂的调配、涂布以及烘干等工艺环节，整个覆膜过程可以在几秒钟内完成，对环境不会产生污染，没有火灾隐患，也不需要清洗涂胶设备等。目前该工艺已用于药品、食品包装领域。

　　其实无论采用哪种类型的覆膜技术，都会和平时使用的塑料制品一样造成白色污染，覆在印刷品表面的薄膜和其他塑料制品一样难以降解，并且在加工中有苯介入，对人身体有害。除此之外，覆膜后的纸张还无法回收利用，浪费了资源。相反，如果进行简单焚烧处理，还会造成二次污染。因此，覆膜是一项对环境有破坏的技术，应该避免使用这种印后加工工艺。

5.2.3 烫印

我国《GB/T 9851.1—2008 印刷技术标准术语》第七部分中对烫印的定义是：烫印（Hot Stamping）是在纸张、纸板、纸品、涂布类等物品上，通过烫模将烫印材料转移在被烫物上的加工。

（1）烫印作用 烫印技术是一种不用油墨的特种印刷工艺，它是借助一定的压力与温度，运用装在烫印机上的模版，使印刷品和烫印箔在短时间内相互受压受热，将金属箔或颜料箔按烫印模版的图文转印到被烫印刷品表面的工艺技术，俗称烫金。

烫印后的图文呈现出强烈的金属光泽，色彩鲜艳夺目。尤其是金银电化铝，以其富丽堂皇、精致高雅的装饰点缀印刷品表面，其光亮程度大大超过印金和印银。同时由于电化铝箔具有优良的物理化学性能，又起到了保护印刷品的作用。另外烫金产品可以防范利用复印机和扫描仪造假，已成为世界各国政府在大额钞票、身份证和护照防伪方面的重要材料。

就其用途而言，烫印主要用于烫印纸张、塑料、皮革等方面。烫印纸张主要用于请柬、证书、贺卡、书籍封面、商标以及烟盒、酒盒、化妆品盒、礼盒等各种纸质包装印刷品；烫印塑料主要用于塑料零件、标牌、玩具、化妆盒等各种塑料制品；烫印漆膜、皮革主要用于铅笔杆、木盒、皮包、皮鞋及其他皮革制品。

电化铝箔材就其颜色品种而言，以金色最为普通，另有银色、大红色、橘红色、蓝色、绿色、棕红色、淡金黑色、黑色等。近年又研制出了蛇皮、皮革、木纹等仍皮革织物及木质的电化铝新品种，它们与真实的皮革、木材具有同样的质感。

（2）烫印技术

① 热烫技术。热烫印技术是指利用专用的金属烫印版通过加热、加压的方式将烫印箔转移到承印材料表面。烫金原理如图 5-19 所示。

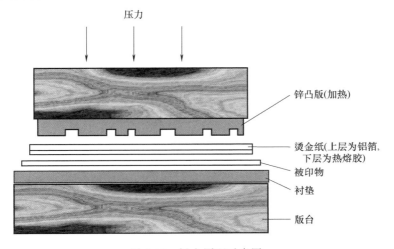

图 5-19 烫金原理示意图

热烫印技术的优点主要包括以下几点：

a. 质量好，精度高，烫印图像边缘清晰、锐利。

b. 表面光泽度高，烫印图案明亮、平滑。

c. 烫印箔的选择范围广，如不同颜色的烫印箔，不同光泽效果的烫印箔，以及适用于不同基材的烫印箔。

d. 热烫印工艺还有一个突出优点，就是可以进行立体烫印。采用电脑数控雕刻制版方式制成立体烫印版，使烫印加工成的图文具有明显的立体层次，在印刷品表面形成浮雕效果，并产生强烈的视觉冲击效果。立体烫印能够使包装具有一种独特的触感。

但是，热烫印工艺需要采用特殊的设备，需要加热装置，需要制作烫印版，因此，获得高质量烫印效果的同时也意味着要付出更高的成本代价。

② 冷烫印技术。冷烫印技术是指利用 UV 胶黏剂将烫印箔转移到承印材料上的方法。冷烫印工艺又可分为干覆膜式冷烫印和湿覆膜式冷烫印两种。

干覆膜式冷烫印工艺是对涂布的 UV 胶黏剂先固化再进行烫印。

湿覆膜式冷烫印工艺是在涂布了 UV 胶黏剂之后，先烫印然后再对 UV 胶黏剂进行固化。

湿覆膜式冷烫印工艺能够在印刷机上连线烫印金属箔或全息箔，其应用范围也越来越广。目前，许多窄幅纸盒和标签柔性版印刷机都已具备这种连线冷烫印能力。

冷烫印技术的突出优点主要包括以下几方面：

a. 无须制作金属烫印版，可以使用普通的柔性版，不但制版速度快，周期短，还可降低烫印版的制作成本。

b. 烫印速度快，最高可达 450fpm。

c. 无须加热装置，并能节省能源。

d. 适用范围广，在热敏材料、塑料薄膜、模内标签上也能进行烫印。

但是，冷烫印技术也存在一定的不足之处，主要包括以下两点：

a. 烫印的图文通常需要覆膜或上光进行二次加工保护，这就增加了烫印成本和工艺复杂性。

b. 高黏度胶黏剂流平性差，不平滑，使冷烫印箔表面产生漫反射，影响烫印图文的色彩和光泽度，从而降低产品的美观度。

印刷的发展方向是多种快递单印刷方式和印后功能的组合。各种印刷方式包括胶印、柔印、凹印、丝印、数字印刷等，印后加工包括烫金、覆膜、模切、压凸、折页、裁切和烘干等多种功能，使产品一次完成，既可以提高生产效率，也有利于减少浪费，同时又达到最佳的印刷效果。印刷方式和印后功能组合设备如图 5-20 所示。

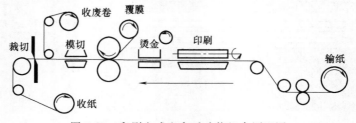

图 5-20　印刷方式和印后功能组合原理图

5.2.4 模切与压痕

模切工艺就是用模切刀根据产品设计要求的图样组合成模切版，在压力作用下，将印刷品或其他板状坯料轧切成所需形状和切痕的成型工艺。

压痕工艺则是利用压线刀或压线模，通过压力在板料上压出线痕，或利用滚线轮在板料上滚出线痕，以便板料能按预定位置进行弯折成型。用这种方法压出的痕迹多为直线型，故又称压线。压痕还包括利用阴阳模在压力作用下将板料压出凹凸或其他条纹形状，使产品显得更加精美并富有立体感。

在大多数情况下，模切压痕工艺往往是把模切刀和压线刀组合在同一个模板内，在模切机上同时进行模切和压痕加工的，故可简单称之为模压。

模压加工技术主要是用来对各类纸板进行模切和压痕，同时也可用于对皮革、塑料等材料进行模切和压痕加工。

模压加工操作简便、成本低、投资少、质量好、见效快，在加工后的制品大幅度提高档次，提高产品包装附加值方面起着重要的作用。模压加工的这些特点，使其越来越广泛地应用于各类印刷纸板的成型加工中，已经成为印刷纸板成型加工不可缺少的一项重要技术。模切与压痕示意图如图5-21。

目前，采用模压加工工艺的产品主要是各类纸容器。纸容器主要是指纸盒和纸箱（均由纸板经折叠、接合而成），这两者之间很难截然分开，但人们在习惯上往往从容器的尺

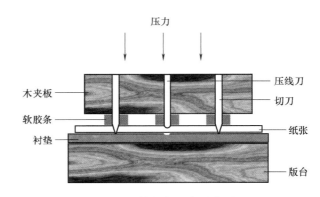

图 5-21　模切与压痕示意图

寸、纸板的厚薄、被包装物的性质、容器结构的复杂程度以及形式是否规范等方面来加以区分。

纸盒按其加工成型的特点，可分为折叠纸盒和粘贴纸盒两大类。

折叠纸盒是用各类纸板或彩色小瓦楞纸板作成。制作时，主要经过印刷、表面加工、模切压痕、制盒等工作过程，其平面展开结构是由轮廓裁切线和压痕线组成，并经模切压痕技术成型，模压是其主要的工艺特点。这种纸盒对模切压痕质量要求较高，故规格尺寸要求严格，因而模切压痕是纸盒制作工艺的关键工序之一，是保证纸盒质量的基础。

粘贴纸盒是用贴面材料将基材纸板粘贴而成。在基材纸板成型中，有时也需要用模压加工的方法。

制作瓦楞纸箱的原材料是瓦楞纸板，加工时多采用圆盘式分纸刀进行裁切，用压线轮滚出折叠线。但模切压痕也是一种有效的生产方法，尤其是对于一些非直线的异形外廓和功能性结构，如内外摇盖不等高以及开有提手孔、通风孔、开窗孔等，只有采用模压方

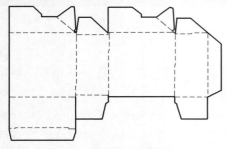

图 5-22　包装盒刀模展开图

法，才便于成型。包装盒刀模展开图如图 5-22 所示。

在模切压痕加工工艺中，刀模版制作的准确性及嵌缝的优劣是影响模压工艺质量的关键。刀模版制作，就是按照产品设计或样品的要求，将平面展开图上所需裁切的模切线和折叠的压痕线图形，按实样大小比例，准确无误地复制到底版上，并制出镶嵌刀线的狭缝。

制作底版有多种方法：一种是用手工制版，即将图样绘制或粘贴到底板上，再用线锯据缝。这种方法，其模板的准确度完全取决于操作者个人的技术水平。二是采用现代技术，用 X 和 Y 的坐标系统、分段重复的方法以及数控计算机系统等，使转移复制图样的作业自动化，加上模版制作设备的改进，使制作的模版能以较高的精确度来满足加工的要求。近年来出现的激光制刀模版系统，它又将制刀版的精确度和自动化程度提高到一个新的高度，完全排除人为的误差。

激光制版系统就是应用激光和计算机等技术来加工模切压痕版。这种模版制造方法能使底版制作实现自动化。操作中，只要把待模切产品的图样、纸板厚度等参数输入电子计算机，便可控制底版制作系统，使底版按照所需模版图样在激光束下自动地移动。这种模版制作方法改变了传统的铅空法或锯切法中精度差、速度慢、沿有重复性、无法适应包装自动化生产线要求的状况。目前激光切割的模切版已广泛应用于印刷、包装装潢行业，产品涉及汽车、家电、轻工、食品、药品、宣传等领域。

5.2.5　凹凸压印

压印，又称压凸纹印刷，是印刷品表面装饰加工中一种特殊的加工技术。它使用凹凸模具，在一定的压力作用下，使印刷品基材发生塑性变形，从而对印刷品表面进行艺术加工。压印的各种凸状图文和花纹，显示出深浅不同的纹样，具有明显的浮雕感，增强了印刷品的立体感和艺术感染力。

凹凸压印是浮雕艺术在印刷上的移植和运用，其印版类似于我国木版水印使用的拱花方法。

凹凸压印时，不使用油墨而是直接利用印刷机的压力进行压印，操作方法与一般凸版印刷相同，但压力要大一些。如果质量要求高，或纸张比较厚、硬度比较大，也可以采用热压，即在印刷机的金属底版上接通电流。

近年来，印刷品尤其是包装装潢产品高档次、多品种的发展趋势，促使凹凸压印工艺更加普及和完善，印版的制作以及凹凸压印设备正逐步实现半自动化、全自动化。国外已实现了包括多色印刷机组在内的全自动印刷、凹凸压印生产线。

凹凸压印工艺多用于印刷品和纸容器的后加工上，如包装纸盒、装潢用瓶签、商标以及书刊装帧、日历、贺卡等。包装装潢利用凹凸压印工艺，运用深浅结合、粗细结合的艺术表现方法，使包装制品的外观在艺术上得到更完美的体现。

凹凸压印两种方法原理如图 5-23 所示。

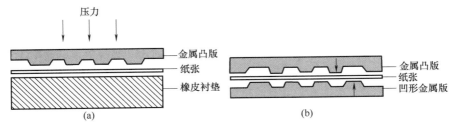

图 5-23 凹凸压印两种方法图示（a）（b）

习题

一、判断题

1. 印后是使印刷品获得所要求的形状以及产品分发的后序加工。

2. 装订是将纸张加工成册所需的各种加工工序的总称。

3. 平装的书籍一般以纸质软封面为特征，是比较普及的一种装订方法。

4. 折页就是将印张按页码顺序折叠成书帖的工艺。

5. 刀式折页机折页精度高，并可以很好地处理较厚重的材料。

6. 书刊装订时，配书芯的方法有套帖法和排帖法两种，两种方法任何订书方式均适用。

7. 骑马订订书快速、不占订口，但牢度较低，一般适合 200 页以下薄本书装订。

8. 精装的书身和穿线与平装相同，但外壳不同，它分为硬面精装及软面精装两类。

9. UV 上光是利用紫激光照射于印刷品表面专用特殊涂层后，干燥硬化而成。

10. 覆膜后的印刷品，其表面会覆盖一层 0.012～0.020mm 厚的透明塑料薄膜。

11. 热烫印技术是利用专用的金属油墨通过加热加压将烫印箔转移到承印材料表面。

12. 模切压痕工艺可把模切刀和压线刀组合在一个模版内，在模切机上同时进行加工。

13. 凹凸压印是浮雕艺术在印刷上的移植和运用，其印版类似于我国木版水印版。

14. 激光制模压版系统就是应用激光和计算机等技术来加工模切压痕版。

15. 凹凸压印是利用印刷机的压力进行压印，操作方法与一般凹版印刷相同。

二、选择题（单项）

1. 垂直交叉折依次转折时的折数最多不能超过_____折。

A. 4 　　　　　　B. 5 　　　　　　C. 6 　　　　　　D. 7

2. 包心折又称卷筒折或信笺折，折页时折数最多不超过_____折。

A. 3 　　　　　　B. 4 　　　　　　C. 5 　　　　　　D. 6

3. 栅式折页机所能折页的幅面最大为_____。

A. 8 开 　　　　B. 4 开 　　　　C. 对开 　　　　D. 全开

4. 《读者》杂志采用的订书形式是_____。

A. 线订 　　　　B. 骑马订 　　　　C. 胶粘订 　　　　D. 缝线骑马订

5. 刀式折页机所能折页的幅面最大为_____。

A. 8 开 　　　　B. 4 开 　　　　C. 对开 　　　　D. 全开

6. 订书形式有多种多样，其中开书度达 360 度的订书方式是_____。

A. 胶装 　　　　　　　　　B. 骑马订

C. 机械装（线圈装、胶圈装）　　D. 缝线骑马订

7. 骑马装订联动机也叫三联机，适合于装订_____页以下的薄本书籍。

A. 8　　　　　B. 16　　　　　C. 32　　　　　D. 64

8. 按上光方法分，上光可分为普通上光、压光上光和_____上光。

A. UB　　　　B. UV　　　　C. VU　　　　D. VV

9. _____是一项对环境有破坏的技术，我们应该避免使用这种印后加工工艺。

A. 覆膜　　　　B. UV 上光　　　C. 水性上光油上光　　　D. 模切

10. 热烫印技术需要专用_____烫印版，通过加热、加压的方式将烫印箔转移到承印物上。

A. 塑料　　　　B. 橡胶　　　　C. 金属　　　　D. 木制

11. 目前采用模压加工工艺的产品主要是各类_____印刷品。

A. 书籍　　　　B. 纸容器　　　C. 报纸　　　　D. 海报

12. 在制作模切压痕刀模版时，刀模版平面展开图上需保留_____和折叠的压痕线图形

A. 角线　　　　B. 出血线　　　C. 十字线　　　D. 模切线

13. 凹凸压印是利用印刷机的压力进行压印，操作方法与一般_____印刷相同。

A. 凸版　　　　B. 平版　　　　C. 凹版　　　　D. 丝网版

14. 在以下印后加工方式中，加工后的产品具有明显浮雕感的加工方法是_____。

A. 覆膜　　　　B. 上光　　　　C. 凹凸压印　　　D. 模切压痕

15. 冷烫印技术可以使用普通的_____，对印刷品进行烫印加工。

A. 木刻版　　　B. 柔性版　　　C. 铝版　　　　D. 丝网版

三、简答题

1. 简述书刊平装工艺各过程的作用。

2. 印刷品表面装饰加工的作用是什么？具体有哪些加工方法？

能力项目

一、折页认知

1. 目的：通过实践，使学生掌握平行折页、垂直折页和混合折页的方式，了解不同折页方法的适用性，以加深对课堂教学内容的理解。

2. 要求：取一张 A3 纸，按垂直折页方法折 4 次，试找出折数与页数、版面的关系，并根据折数，将相对应的页数（L）和版面数（A）填入下表中。

折数与页数、版面的关系

折数（F）	页数（L）	版面数（A）
1		
2		
3		
4		

二、印刷品表面装饰加工方式认知

1. 目的：通过对印刷品表面装饰加工方法的认知，了解不同印后加工方式的特征及适应领域，并能根据印刷品装饰特征判断其印后加工方式。

2. 要求：① 请同学们课后收集具有不同特征的印后加工产品；

② 根据课堂所学内容，判断所收集产品的印后加工方式。

附录一 课程思政教案选篇

授课章节	第一章 印刷基础 第1—2节 印刷起源、流程及印刷作用		
教学目的	1. 知识目标 　(1) 了解印刷发展历史 　(2) 了解印刷的定义、作用及工艺流程 　(3) 了解行业发展 2. 能力目标 　(1) 识别印刷品 　(2) 掌握印刷主要流程 3. 思政目标：爱国意识和技能强国的工匠精神		
重点与难点	教学重点	印刷发展的前提、物质基础和技术条件，现代印刷定义和印刷作用	
	教学难点	印刷作用	
教学方法	课堂上播放印刷起源纪录片，结合多媒体演示法、案例分析法		
教学手段	传统教学手段：实物、图片； 现代教学技术硬件、软件资源：视频等多媒体环境		
教学过程 时间分配	教学内容		学时数
	印刷的起源		1
	现代印刷的定义和印刷作用		1
教学过程设计	【课堂导入】 　　新学期第一次上课，学生可能对于印刷还没有印象，但是学校处处充满了印刷的气息，从毕昇雕像到学校首任校长万启盈有没有注意到呢（启发学生善于观察），播放印刷起源纪录片，讲述身边的印刷人、印刷事和印刷物。 【知识讲授】 　　知识点1：印刷术发明的条件 　(1) 前提条件——文字的产生 　(2) 物质基础——笔、墨、纸的发明 　(3) 技术条件——捺印及拓印 　　知识点2：凸版印刷发展 　(1) 雕版印刷术发展—雕版印刷是种类繁多印刷术中最先发明的，是凸版印刷术的雏形，也是其它种类印刷的基础 　(2) 活字印刷术—宋朝仁宗庆历年间（公元1041—1048年），由布衣毕昇创造性地发明泥活字印刷术 　(3) 公元1297—1298年（元成宗元贞二年），农学家王祯请工匠刻制活字共3万多个，两年中设计完成了一套木活字 　(4) 铅活字与印刷机械化 　　知识点3：凹版印刷术发展 　(1) 公元1460年，意大利菲尼格拉发明了手工雕刻金属凹版印刷法 　(2) 1513年，德国格雷福发明了腐蚀凹版法		

教学过程设计	知识点 4：平版印刷术发展 （1）石版印刷术是德国人塞纳菲尔德于 1796 年发明 （2）珂罗版印刷于 1864 年德国人发明，因为版面由明胶铬盐构成，所以由希腊语 Collo（珂罗）而得名 （3）1904 年，美国人鲁贝尔发明了第一台间接印刷的平版胶印印刷机，成为一种间接印刷的方法，也称之为胶印 知识点 5：孔版印刷术发展和数字印刷发展
思政切入点	在介绍印刷发展过程中，专题嵌入式介绍毕昇、王选等榜样的事迹，发挥榜样的有示范效应，激发同学们的爱国情怀。毕昇创造发明的胶泥活字、木活字排版，是中国印刷术发展中的一个根本性的改革，是对中国劳动人民长期实践经验的科学总结，对中国和世界各国的文化交流做出伟大贡献。2001 年度国家最高科学技术奖获得者，中国科学院院士和中国工程院双院士王选被誉为"当代毕昇"。他的主要成就是汉字激光照排系统，使我国印刷也告别铅与火，迈入光和点，引起了印刷业一场技术革命。 讲述我校校友同时留校教师王东东和张淑萍的故事，以点带面引出世界技能大赛堪比奥运会，王东东老师是中国印刷媒体技术项目第一个拿到奖牌的选手，同时是上海最年轻工匠，鼓励大家用技能为国家争光，具有不怕苦、勤动手的工匠精神。
实　　验	无
复习思考	印刷在人类文明发展历史中以及现代文明中起到那些作用？
作业题	收集身边的印刷产品
备　　注	

授课章节	第一章 印刷基础 第 4 节　色彩理论基础	
教学目的	1. 知识目标 　（1）了解颜色的本质 　（2）理解颜色三属性 　（3）了解颜色的寓意 2. 能力目标 　（1）区分颜色的合成方式 　（2）能正确的运用颜色 3. 思政目标：爱国主义精神	
重点与难点	教学重点	颜色三属性、颜色混合、颜色寓意
	教学难点	颜色三属性、颜色混合
教学方法	快乐教学"五化五式"（情景化＋探究式）	
教学手段	现代教学技术硬件、软件资源：视频等多媒体环境； 实验设备：颜色三基色发射器。	

教学过程 时间分配	教学内容	学时数
	颜色本质、颜色三属性	1
	颜色混合、颜色寓意	1

教学过程设计	【课堂导入】 　　在日常生活中会经常听到这个颜色是红色，这个颜色有点暗，这个颜色比较浅……，这是什么方面去描述颜色。又如我们经常看到喜庆节日，人们善于用红色基调的颜色来装扮环境……，每一种颜色代表什么寓意。 【课程引入】 　　这些问题的解决基础就是本节课要讨论的问题。 【知识讲授】 　　知识点1：颜色的分类和三属性 　　重点分析自然界中发光体的颜色成色原理，通过透明和不透明物体的呈色原理，讲解光的作用和物体吸收光与反射光的特点；通过引入国际统一规定颜色三属性：色相—明度—饱和度描述颜色的术语，并分别定义和对比讨论区别其关联度，体现协同合作的精神。 　　知识点2：色光加色法和色料减色法 　　颜色的合成构成大千世界，按照一定比例混合经验值，提出色光加色法和色料减色法的不同，以及其适用领域，为印刷彩色图象铺垫，如"国旗红"因为不同色彩赋予了应用领域不同的寓意，体现爱国主义精神。 　　知识点3：彩色印刷色序 　　重点介绍套色的作用，减色法为彩色印刷的质量提供保证，比较印刷色序和反向印刷色序效果，产生色偏、套印不准等质量问题，引导学生精益求精的态度。
思政切入点	教学内容中，以色彩为引导，结合今年抗击新冠肺炎疫情斗争中"党旗红，天使白，军装绿"这些代表颜色讲述其深层意义。党旗红——党员冲锋在前，勇当先锋。天使白——医护人员救死扶伤，迎难而上。军装绿——解放军誓死不退，护佑平安。还有奋战在战"疫"一线的警察蓝、志愿橙……他们用汗水甚至生命筑起狙击疫情的彩色"堤坝"，于无声处奉献牺牲，这些英雄共同守护着百姓一方平安。这些代表色及事迹的讲述，一方面向同学们强调要了解颜色背后蕴含的象征意义，正确选择和使用颜色；另一方面在普及知识的同时帮助同学们树立爱国主义理想信念。
实　　验	在介绍了解了颜色三属性的概念和各属性的变化规律后，进入实践教学的第二个过程——体验式教学。要想在纷繁复杂的颜色中找到颜色渐变的规律，区分颜色和颜色的差异，设计了实体颜色块的排列训练项目。（课堂）
复习思考	颜色三属性与光属性的关系
作业题	以坐标轴和曲线的形式，画出光与颜色的色相，明度，饱和度的关系。试说明喜剧类电影海报颜色设计基调，并说明原因。
备　　注	军装绿、天使白、警察蓝、志愿橙等不同岗位的人通过努力为国家做贡献，在疫情当下，我们同学可能不能到一线直接做贡献，更加努力学习以及做好防护工作就是为抗击疫情的胜利添砖加瓦。

附录二 黑 白 附 页

附页1 习 题 答 案

习题答案：（问答题略）

第1章

一、判断题

1. 错；2. 对；3. 错；4. 对；5. 对；6. 对；7. 对；8. 对；9. 对；10. 错；11. 错；12. 错；13. 错；14. 对；15. 错。

二、选择题

1. C；2. C；3. D；4. D；5. C；6. D；7. B；8. C；9. B；10. A；11. C；12. B；13. A；14. C；15. D

第2章

一、判断题

1. 错；2. 对；3. 错；4. 错；5. 对；6. 错；7. 错；8. 对；9. 对；10. 对

二、选择题

1. B；2. C；3. C；4. A；5. C；6. A；7. D；8. B；9. D；10. A

第3章

一、判断题

1. 对；2. 错；3. 对；4. 错；5. 错；6. 错；7. 对；8. 对；9. 错；10. 对；11. 错；12. 对；13. 错；14. 错；15. 对。

二、选择题

1. A；2. C；3. D；4. B；5. C；6. C；7. A；8. B；9. C；10. A；11. D；12. C；13. A；14. B；15. B

第4章

一、判断题

1. 对；2. 对；3. 错；4. 对；5. 错；6. 错 7. 错；8. 对；9. 错；10. 错；11. 对；12. 错；13. 错；14. 对；15. 错；16. 对；17. 错；18. 对；19. 错；20. 对。

二、选择题

1. B；2. C；3. C；4. D；5. A；6. A；7. C；8. C；9. A；10. B；11. B；12. D；

13. C；14. D；15. B；16. C；17. D；18. C；19. B；20. A。

第五章
一、判断题
1. 错；2. 错；3. 对；4. 对；5. 对；6. 错；7. 错；8. 对；9. 错；10. 对；11. 错；12. 对；13. 对；14. 对；15. 错。
二、选择题
1. A；2. A；3. C；4. B；5. D；6. C；7. D；8. B；9. A；10. C；11. B；12. D；13. A；14. C；15. B。

附页 2 纸张开度规格

规格是接单的重点，印刷单位在制版前必须详细具体地落实。目前，国内外常用的纸型为大度，正度两种：大度为 1194mm×889mm，正度为 1092mm×787mm，开型如下：

开型	大度开切毛尺寸	成品净尺寸	正度开切毛尺寸	成品净尺寸
全开	1194mm×889mm	1160mm×860mm	1092mm×787mm	1060mm×760mm
对开	889mm×597mm	860mm×580mm	787mm×546mm	760mm×530mm
长对开	1194mm×444.5mm	1160mm×430mm	1092mm×393.5mm	1060mm×375mm
三开	889mm×398mm	860mm×385mm	787mm×364mm	760mm×345mm
丁字三开	749.5mm×444.5mm	720mm×430mm	698.5mm×393.5mm	680mm×375mm
四开	597mm×444.5mm	580mm×430mm	546mm×393.5mm	530mm×375mm
长四开	298.5mm×889mm	285mm×860mm	787mm×273mm	760mm×260mm
五开	380mm×480mm	355mm×460mm	330mm×450mm	305mm×430mm
六开	398mm×444.5mm	370mm×430mm	364mm×393.5mm	345mm×375mm
八开	444.5mm×298.5mm	430mm×285mm	393.5mm×273mm	375mm×260mm
九开	296.3mm×398mm	280mm×390mm	262.3mm×364mm	240mm×350mm
十二开	298.5mm×296.3mm	285mm×280mm	273mm×262.3mm	260mm×250mm
十六开	298.5mm×222.25mm	285mm×210mm	273mm×196.75mm	260mm×185mm
十八开	199mm×296.3mm	180mm×280mm	136.5mm×262.3mm	120mm×250mm
二十开	222.5mm×238mm	270mm×160mm	273mm×157.4mm	260mm×140mm
二十四开	222.25mm×199mm	210mm×185mm	196.75mm×182mm	185mm×170mm
二十八开	298.5mm×127mm	280mm×110mm	273mm×112.4mm	260mm×100mm
三十二开	222.25mm×149.25mm	210mm×140mm	196.75mm×136.5mm	185mm×130mm
六十四开	149.25mm×111.12mm	130mm×100mm	136.5mm×98.37mm	120mm×80mm

附页 3 纸张常用开法一览表

以下按全张纸扣除刀口光位后实用面积：大度 1160mm×860mm　正度 1080mm×780mm

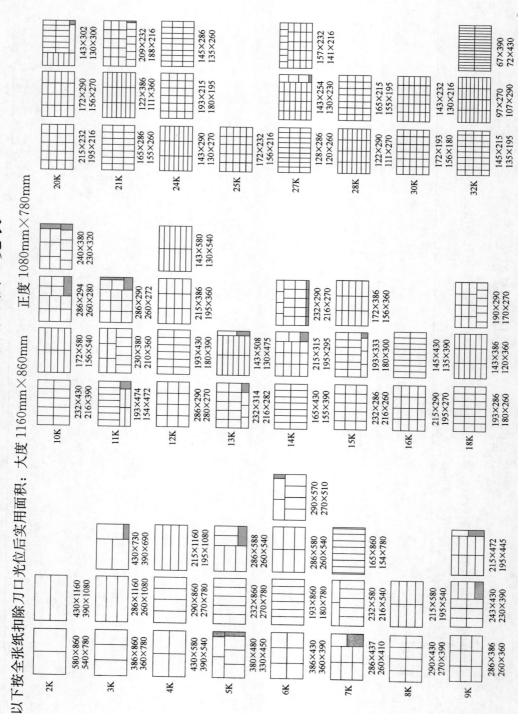

附页 4　五笔字根总表

"五笔字型"字根键位图

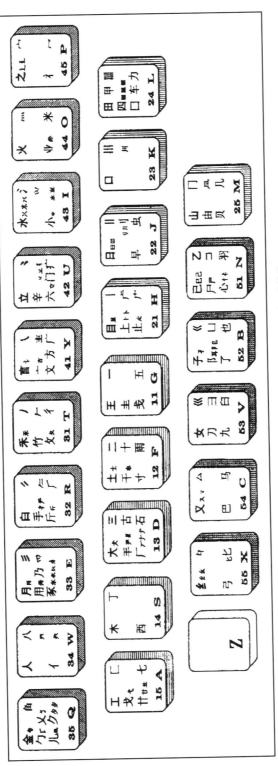

注:每个键位下面两位阿拉伯数字,第1位代表区号,第2位代表位号

附录三 彩色附页

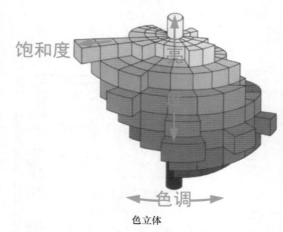

色立体

彩图 1 色彩三属性

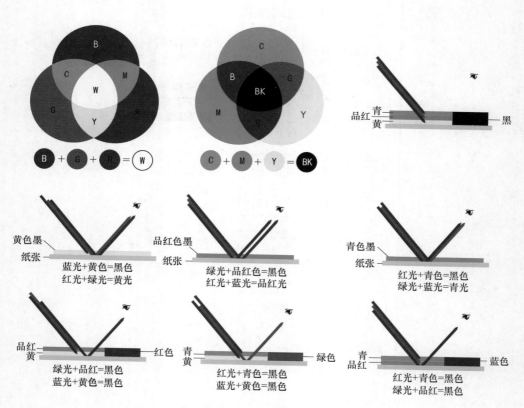

彩图 2 色光加色、色料减色法

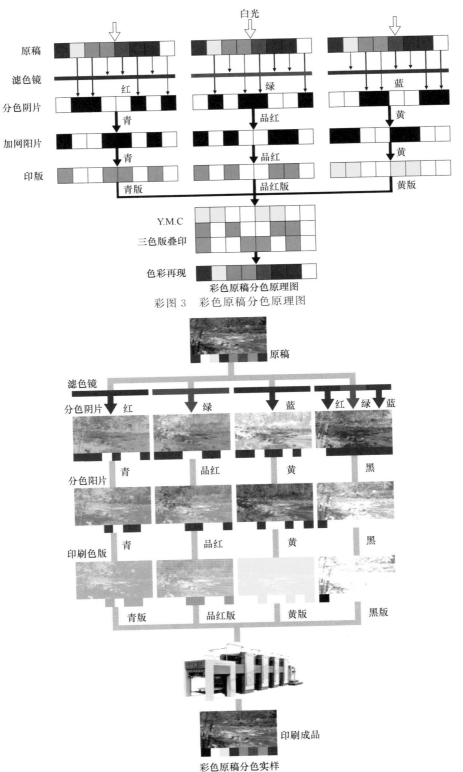

白光

原稿

滤色镜　红　绿　蓝

分色阴片　青　品红　黄

加网阳片　青　品红　黄

印版　青　品红　黄

青版　品红版　黄版

Y.M.C

三色版叠印

色彩再现

彩色原稿分色原理图

彩图 3　彩色原稿分色原理图

原稿

滤色镜

分色阴片　红　绿　蓝　红　绿　蓝

分色阳片　青　品红　黄　黑

印刷色版　青　品红　黄　黑

青版　品红版　黄版　黑版

印刷成品

彩色原稿分色实样

彩图 4　彩色原稿分色实样

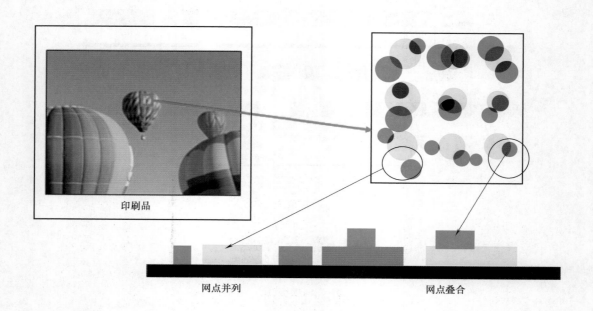

彩图 5　网点叠合、网点并列

彩图 6　网点角度差

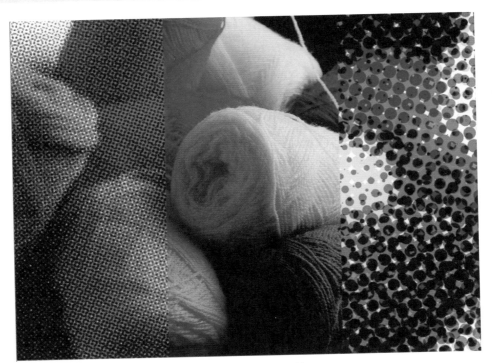

彩图 7 不同加网线数

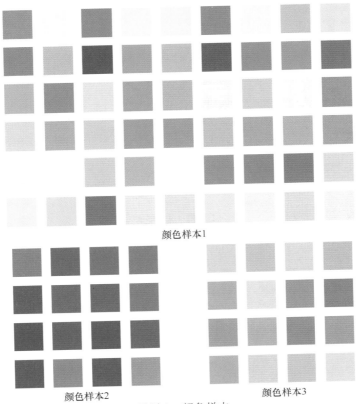

颜色样本1

颜色样本2   颜色样本3

彩图 8 颜色样本

001							008
0/100/100/45	0/100/100/25	0/100/100/15	0/100/100/0	0/85/70/0	0/65/50/0	0/45/30/0	0/20/10/0

009							016
0/90/80/45	0/90/80/25	0/90/80/15	0/90/80/0	0/70/65/0	0/55/50/0	0/40/35/0	0/20/20/0

017							024
0/60/100/45	0/60/100/25	0/60/100/15	0/60/100/0	0/50/80/0	0/40/60/0	0/25/40/0	0/15/20/0

025							032
0/100/100/45	0/40/100/25	0/40/100/15	0/40/100/0	0/30/80/0	0/25/60/0	0/15/40/0	0/10/20/0

033							040
0/0/100/45	0/0/100/25	0/0/100/15	0/0/100/0	0/0/80/0	0/0/60/0	0/0/40/0	0/0/25/0

041							048
60/0/100/45	60/0/100/25	60/0/100/15	60/0/100/0	50/0/80/0	35/0/60/0	25/0/40/0	12/0/20/0

049							056
100/0/90/45	100/0/90/25	100/0/90/15	100/0/90/0	80/0/75/0	60/0/55/0	45/0/35/0	25/0/20/0

057							064
100/0/40/45	100/0/40/25	100/0/40/15	100/0/40/0	80/0/30/0	60/0/25/0	45/0/20/0	25/0/10/0

065							072
100/60/0/45	100/60/0/25	100/60/0/15	100/60/0/0	80/50/0/0	65/40/0/0	50/24/0/0	30/15/0/0

073							080
100/90/0/45	100/90/0/25	100/90/0/15	100/90/0/0	0/85/80/0	0/75/65/0	0/60/55/0	0/45/40/0

081							088
80/100/0/45	80/100/0/25	80/100/0/15	80/100/0/0	65/85/0/0	55/65/0/0	45/50/0/0	25/30/0/0

089							096
40/100/0/45	40/100/0/25	40/100/0/15	40/100/0/0	35/80/0/0	20/60/0/0	20/40/0/0	10/20/0/0

097									106
0/0/0/10	0/0/0/20	0/0/0/30	0/0/0/35	0/0/0/45	0/0/0/55	0/0/0/65	0/0/0/75	0/0/0/80	0/0/0/100

彩图 9　色谱代码表

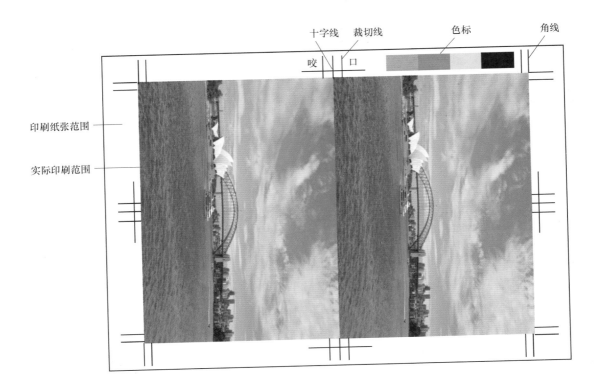

彩图 10　印刷版式

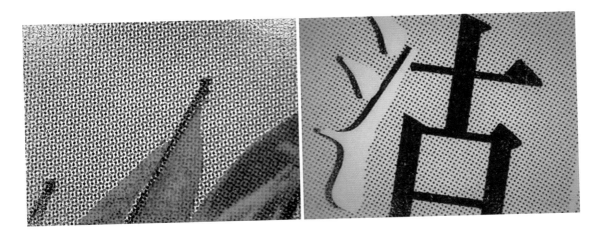

彩图 11　平版印刷印迹特征

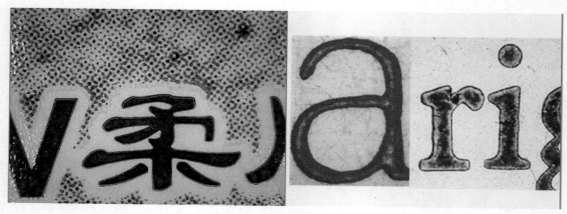

彩图 12　柔版印刷印迹特征

彩图 13　凸版印刷印迹特征

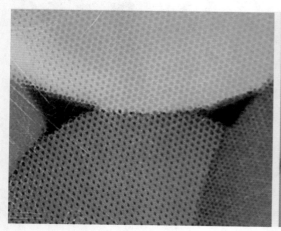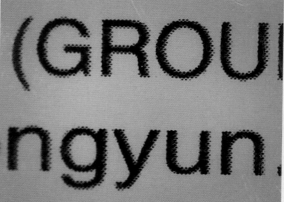

彩图 14　凹版印刷印迹特征

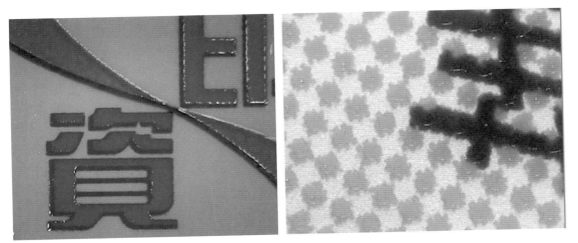

彩图 15 丝网版印刷印迹特征

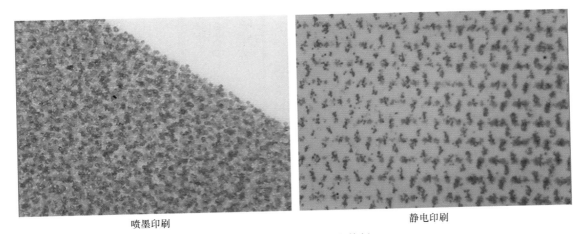

喷墨印刷 静电印刷

彩图 16 数字印刷印迹特征

参 考 文 献

［1］ 朱元泓，贺文琼，许向阳编著. 印刷色彩［M］. 北京：中国轻工业出版社，2013.

［2］ 刘真，邢洁芳，邓术军编著. 印刷概论［M］. 北京：印刷工业出版社，2008.

［3］ 万晓霞，邹毓俊著. 印刷概论［M］. 北京：化学工业出版社，2008.

［4］ 王永宁主编，张勇副主编. 印刷概论［M］. 北京：化学工业出版社，2008.

［5］ 苏铁青，周玉松，彭慧亮著. 胡维友等编. 数字印刷与计算机直接制版［M］. 北京：中国轻工业
出版社，2007.

［6］ 胡维友编著. 印刷概论［M］. 北京：化学工业出版社，2006.

［7］ 姚海根编著. 数字印刷［M］. 上海：上海科学技术出版社，2006.

［8］ 郝清霞，郑亮，刘艳，田全慧编著［M］. 北京：印刷工业出版社，2007.

［9］ 顾萍编. 印刷概论［M］. 北京：科学出版社，2002.

［10］ 谢普南，王强主译. 印刷媒体技术手册［M］. 广东：世界图书出版公司，2004.

［11］ 尹章伟、刘全香、林泉. 包装概论［M］. 北京：化学工业出版社，2008.

［12］ 郑元立. 柔印制版的低碳工艺，促柔印发展的绿色之路［J］. 中国柔印，2010，(12)：3-4.

［13］ 高建利. 柔性版 CDI 制版工艺及其质量控制［J］. 印刷技术，2010，4 (2)：25-27.

［14］ 张岩等. 柔印制版质量数字化控制方法的研究［J］. 包装工程，2012，03 (6)：99-102.

［15］ 新闻出版总署印刷发行管理司，环境保护部科技标准司编，绿色印刷手册［M］. 北京：北京印
刷工业出版社，2012.

印刷包装专业　新书/重点书

本科教材

1. 印后加工技术（第二版）——"十三五"普通高等教育印刷专业规划教材　唐万有　主编　16 开　48.00 元　ISBN 978 – 7 – 5184 – 0890 – 0

2. 印刷原理与工艺——普通高等教育"十一五"国家级规划教材　魏先福　主编　16 开　36.00 元　ISBN 978 – 7 – 5019 – 8164 – 9

3. 印刷材料学——普通高等教育"十一五"国家级规划教材　陈蕴智　主编　16 开　47.00 元　ISBN 978 – 7 – 5019 – 8253 – 0

4. 印刷质量检测与控制——普通高等教育"十一五"国家级规划教材　何晓辉　主编　16 开　26.00 元　ISBN 978 – 7 – 5019 – 8187 – 8

5. 包装印刷技术（第二版）——"十二五"普通高等教育本科国家级规划教材　许文才　编著　16 开　59.00 元　ISBN 978 – 7 – 5184 – 0054 – 6

6. 包装机械概论——普通高等教育"十一五"国家级规划教材　卢立新　主编　16 开　43.00 元　ISBN 978 – 7 – 5019 – 8133 – 5

7. 数字印前原理与技术（带课件）——普通高等教育"十一五"国家级规划教材　刘真　等著　16 开　32.00 元　ISBN 978 – 7 – 5019 – 7612 – 6

8. 包装机械（第二版）——"十二五"普通高等教育本科国家级规划教材　孙智慧　高德　主编　16 开　59.00 元　ISBN 978 – 7 – 5184 – 1163 – 4

9. 数字印刷——普通高等教育"十一五"国家级规划教材　姚海根　主编　16 开　28.00 元　ISBN 978 – 7 – 5019 – 7093 – 3

10. 包装工艺技术与设备——普通高等教育"十一五"国家级规划教材　金国斌　主编　16 开　44.00 元　ISBN 978 – 7 – 5019 – 6638 – 7

11. 包装材料学（第二版）（带课件）——"十二五"普通高等教育本科国家级规划教材　国家精品课程主讲教材　王建清　主编　16 开　58.00 元　ISBN 978 – 7 – 5019 – 9752 – 7

12. 印刷色彩学（带课件）——普通高等教育"十一五"国家级规划教材　刘浩学　主编　16 开　40.00 元　ISBN 978 – 7 – 5019 – 6434 – 7

13. 包装结构设计（第四版）（带课件）——"十二五"普通高等教育本科国家级规划教材国家精品课程主讲教材　孙诚　主编　16 开　69.00 元　ISBN 978 – 7 – 5019 – 9031 – 3

14. 包装应用力学——普通高等教育包装工程专业规划教材　高德　主编　16 开　30.00 元　ISBN 978 – 7 – 5019 – 9223 – 2

15. 包装装潢与造型设计——普通高等教育包装工程专业规划教材　王家民　主编　16 开　56.00 元　ISBN 978 – 7 – 5019 – 9378 – 9

16. 特种印刷技术——普通高等教育"十一五"国家级规划教材　智文广　主编　16 开　45.00 元　ISBN 978 – 7 – 5019 – 6270 – 9

17. 包装英语教程（第三版）（带课件）——普通高等教育包装工程专业"十二五"规划材料　金国斌　李蓓蓓　编著　16 开　48.00 元　ISBN 978 – 7 – 5019 – 8863 – 1

18. 数字出版——普通高等教育"十二五"规划教材　司占军　顾翀　主编　16 开　38.00 元　ISBN 978 – 7 – 5019 – 9067 – 2

19. 柔性版印刷技术（第二版）——"十二五"普通高等教育印刷工程专业规划教材　赵秀萍　主编　16 开　36.00 元　ISBN 978 – 7 – 5019 – 9638 – 0

20. 印刷色彩管理（带课件）——普通高等教育印刷工程专业"十二五"规划材料　张霞　编著

16 开　35.00 元　ISBN 978 – 7 – 5019 – 8062 – 8

21. 印后加工技术——"十二五"普通高等教育印刷工程专业规划教材　高波　编著　16 开　34.00 元　ISBN 978 – 7 – 5019 – 9220 – 1

22. 包装 CAD——普通高等教育包装工程专业"十二五"规划教材　王冬梅　主编　16 开　28.00 元　ISBN 978 – 7 – 5019 – 7860 – 1

23. 包装概论——普通高等教育"十一五"国家级规划教材　蔡惠平　主编　16 开　22.00 元　ISBN 978 – 7 – 5019 – 6277 – 8

24. 印刷工艺学——普通高等教育印刷工程专业"十一五"规划教材　齐晓堃　主编　16 开　38.00 元　ISBN 978 – 7 – 5019 – 5799 – 6

25. 印刷设备概论——北京市高等教育精品教材立项项目　陈虹　主编　16 开　52.00 元　ISBN 978 – 7 – 5019 – 7376 – 7

26. 包装动力学（带课件）——普通高等教育包装工程专业"十一五"规划教材　高德　计宏伟　主编　16 开　28.00 元　ISBN 978 – 7 – 5019 – 7447 – 4

27. 包装工程专业实验指导书——普通高等教育包装工程专业"十一五"规划教材　鲁建东　主编　16 开 22.00 元　ISBN 978 – 7 – 5019 – 7419 – 1

28. 包装自动控制技术及应用——普通高等教育包装工程专业"十一五"规划教材　杨仲林　主编　16 开 34.00 元　ISBN 978 – 7 – 5019 – 6125 – 2

29. 现代印刷机械原理与设计——普通高等教育印刷工程专业"十一五"规划教材　陈虹　主编　16 开　50.00 元　ISBN 978 – 7 – 5019 – 5800 – 9

30. 方正书版/飞腾排版教程——普通高等教育印刷工程专业"十一五"规划教材　王金玲　等编著　16 开　40.00 元　ISBN 978 – 7 – 5019 – 5901 – 3

31. 印刷设计——普通高等教育"十二五"规划教材　李慧媛　主编　大 16 开　38.00 元　ISBN 978 – 7 – 5019 – 8065 – 9

32. 包装印刷与印后加工——"十二五"普通高等教育本科国家级规划教材　许文才　主编　16 开　45.00 元　ISBN 7 – 5019 – 3260 – 3

33. 药品包装学——高等学校专业教材　孙智慧　主编　16 开　40.00 元　ISBN 7 – 5019 – 5262 – 0

34. 新编包装科技英语——高等学校专业教材　金国斌　主编　大 32 开　28.00 元　ISBN 978 – 7 – 5019 – 4641 – 8

35. 物流与包装技术——高等学校专业教材　彭彦平　主编　大 32 开　23.00 元　ISBN 7 – 5019 – 4292 – 7

36. 绿色包装（第二版）——高等学校专业教材　武军等　编著　16 开　26.00 元　ISBN 978 – 7 – 5019 – 5816 – 0

37. 丝网印刷原理与工艺——高等学校专业教材　武军　主编　32 开　20.00 元　ISBN 7 – 5019 – 4023 – 1

38. 柔性版印刷技术——普通高等教育专业教材　赵秀萍　等编　大 32 开　20.00 元　ISBN 7 – 5019 – 3892 – X

高等职业教育教材

39. 印刷材料（第二版）（带课件）——教育部高职高专印刷与包装专业教学指导委员会双元制示范教材　艾海荣　主编　16 开　48.00 元　ISBN 978 – 7 – 5184 – 0974 – 7

40. 印前图文信息处理（带课件）——教育部高职高专印刷与包装专业教学指导委员会双元制示范教材　诸应照　主编　16 开　42.00 元　ISBN 978 – 7 – 5019 – 7440 – 5

41. 包装印刷设备（带课件）——教育部高职高专印刷与包装专业教学指导委员会双元制示范教材　国家精品课程主讲教材　余成发　主编　16 开　42.00 元　ISBN 978 – 7 – 5019 – 7461 – 0

42. 包装工艺（带课件）——教育部高职高专印刷与包装专业教学指导委员会双元制示范教材 吴艳芬 等编著 16 开 39.00 元 ISBN 978 − 7 − 5019 − 7048 − 3

43. 包装材料质量检测与评价——教育部高职高专印刷与包装专业教学指导委员会双元制示范教材 郑美琴 主编 16 开 28.00 元 ISBN 978 − 7 − 5019 − 9338 − 3

44. 现代胶印机的使用与调节（带课件）——教育部高职高专印刷与包装专业教学指导委员会双元制示范教材 周玉松 主编 16 开 39.00 元 ISBN 978 − 7 − 5019 − 6840 − 4

45. 印刷包装专业实训指导书——教育部高职高专印刷与包装专业教学指导委员会双元制示范教材 周玉松 主编 16 开 29.00 元 ISBN 978 − 7 − 5019 − 6335 − 5

46. 印刷概论——"十二五"职业教育国家规划教材 国家精品课程"印刷概论"主讲教材 顾萍 编著 16 开 34.00 ISBN 978 − 7 − 5019 − 9379 − 6

47. 印刷工艺——"十二五"职业教育国家规划教材 国家级精品课程、国家精品资源共享课程建设教材 王利婕 主编 16 开 79.00 ISBN 978 − 7 − 5184 − 0598 − 5

48. 印刷设备（第二版）——"十二五"职业教育国家级规划教材 潘光华 主编 16 开 39.00 元 ISBN 978 − 5019 − 9995 − 8

49. 印刷色彩控制技术（印刷色彩管理）——全国高职高专印刷与包装专业教学指导委员会规划统编教材 国家精品课程主讲教材 魏庆葆 主编 16 开 35.00 元 ISBN 978 − 7 − 5019 − 8874 − 7

50. 运输包装设计——全国高职高专印刷与包装专业教学指导委员会规划统编教材 曹国荣 编著 16 开 28.00 元 ISBN 978 − 7 − 5019 − 8514 − 2

51. 印刷质量检测与控制——全国高职高专印刷与包装专业教学指导委员会规划统编教材 李荣 编著 16 开 42.00 元 ISBN 978 − 7 − 5019 − 9374 − 1

52. 食品包装技术——高等教育高职高专"十三五"规划教材 文周 主编 16 开 38.00 ISBN 978 − 7 − 5184 − 1488 − 8

53. 3D 打印技术——全国高等院校"十三五"规划教材 李博 编著 16 开 38.00 元 ISBN 978 − 7 − 5184 − 1519 − 9

54. 包装工艺与设备——"十三五"职业教育规划教材 刘安静 主编 16 开 43.00 元 ISBN 978 − 7 − 5184 − 1375 − 1

55. 印刷色彩——全国高职高专印刷与包装类专业"十二五"规划教材 朱元泓 等编著 16 开 49.00 元 ISBN 978 − 7 − 5019 − 9104 − 4

56. 现代印刷企业管理——全国高职高专印刷与包装类专业"十二五"规划教材 熊伟斌 等主编 16 开 40.00 元 ISBN 978 − 7 − 5019 − 8841 − 9

57. 包装材料性能检测及选用（带课件）——全国高职高专印刷与包装专业教学指导委员会规划统编教材 国家精品课程主讲教材 郝晓秀 主编 16 开 22.00 元 ISBN 978 − 7 − 5019 − 7449 − 8

58. 包装结构与模切版设计（第二版）（带课件）——"十二五"职业教育国家级规划教材 国家精品课程主讲教材 孙诚 主编 16 开 58.00 元 ISBN 978 − 7 − 5019 − 9698 − 8

59. 印刷色彩与色彩管理·色彩管理——全国职业教育印刷包装专业教改示范教材 吴欣 主编 16 开 38.00 ISBN 978 − 7 − 5019 − 9771 − 9

60. 印刷色彩与色彩管理·色彩基础——全国职业教育印刷包装专业教改示范教材 吴欣 主编 16 开 59.00 ISBN 978 − 7 − 5019 − 9770 − 1

61. 纸包装设计与制作实训教程——全国高职高专印刷与包装类专业教学指导委员会规划统编教材 曹国荣 编著 16 开 22.00 元 ISBN 978 − 75019 − 7838 − 0

62. 数字化印前技术——全国高职高专印刷与包装专业教学指导委员会规划统编教材 赵海生 等编 16 开 26.00 元 ISBN 978 − 7 − 5019 − 6248 − 6

63. 设计应用软件系列教程IllustratorCS——全国高职高专印刷与包装专业教学指导委员会规划统编教材 向锦朋 编著 16 开 45.00 元 ISBN 978 − 7 − 5019 − 6780 − 3

64. 包装材料测试技术——全国高职高专印刷与包装专业教学指导委员会规划统编教材　林润惠　主编　16 开　30.00 元　ISBN 978 - 7 - 5019 - 6313 - 3

65. 书籍设计——全国高职高专印刷与包装专业教学指导委员会规划统编教材　曹武亦　编著　16 开　30.00 元　ISBN 7 - 5019 - 5563 - 8

66. 包装概论——全国高职高专印刷与包装专业教学指导委员会规划统编教材　郝晓秀　主编　16 开　18.00 元　ISBN 978 - 7 - 5019 - 5989 - 1

67. 印刷色彩——高等职业教育教材　武兵　编著　大 32 开　15.00 元　ISBN 7 - 5019 - 3611 - 0

68. 印后加工技术——高等职业教育教材　唐万有　蔡圣燕　主编　16 开　25.00 元　ISBN 7 - 5019 - 3353 - 7

69. 印前图文处理——高等职业教育教材　王强　主编　16 开　30.00 元　ISBN 7 - 5019 - 3259 - 7

70. 网版印刷技术——高等职业教育教材　郑德海　编著　大 32 开　25.00 元　ISBN 7 - 5019 - 3243 - 3

71. 印刷工艺——高等职业教育教材　金银河编　16 开　27.00 元　ISBN 978 - 7 - 5019 - 3309 - X

72. 包装印刷材料——高等职业教育教材　武军　主编　16 开　24.00 元　ISBN 7 - 5019 - 3260 - 3

73. 印刷机电气自动控制——高等职业教育教材　孙玉秋　主编　大 32 开　15.00 元　ISBN 7 - 5019 - 3617 - X

74. 印刷设计概论——高等职业教育教材/职业教育与成人教育教材　徐建军　主编　大 32 开　15.00 元　ISBN 7 - 5019 - 4457 - 1

中等职业教育教材

75. 印前制版工艺——全国中等职业教育印刷包装专业教改示范教材　王连军　主编　16 开　54.00 元　ISBN 978 - 7 - 5019 - 8880 - 8

76. 平版印刷机使用与调节——全国中等职业教育印刷包装专业教改示范教材　孙星　主编　16 开　39.00 元　ISBN 978 - 7 - 5019 - 9063 - 4

77. 印刷概论（带课件）——全国中等职业教育印刷包装专业教改示范教材　唐宇平　主编　16 开　25.00 元　ISBN 978 - 7 - 5019 - 7951 - 6

78. 印后加工（带课件）——全国中等职业教育印刷包装专业教改示范教材　刘舜雄　主编　16 开　24.00 元　ISBN 978 - 7 - 5019 - 7444 - 3

79. 印刷电工基础（带课件）——全国中等职业教育印刷包装专业教改示范教材　林俊欢等　编著　16 开　28.00 元　ISBN 978 - 7 - 5019 - 7429 - 0

80. 印刷英语（带课件）——全国中等职业教育印刷包装专业教改示范教材　许向宏　编著　16 开　18.00 元　ISBN 978 - 7 - 5019 - 7441 - 2

81. 印前图像处理实训教程——职业教育"十三五"规划教材　张民　张秀娟　主编　16 开　39.00 元　ISBN 978 - 7 - 5184 - 1381 - 2

82. 方正飞腾排版实训教程——职业教育"十三五"规划教材　张民　于卉　主编　16 开　38.00 元　ISBN 978 - 7 - 5184 - 0838 - 2

83. 最新实用印刷色彩（附光盘）——印刷专业中等职业教育教材　吴欣　编著　16 开　38.00 元　ISBN 7 - 5019 - 5415 - 5

84. 包装印刷工艺·特种装潢印刷——中等职业教育教材　管德福　主编　大 32 开　23.00 元　ISBN 7 - 5019 - 4406 - 7

85. 包装印刷工艺·平版胶印——中等职业教育教材　蔡文平　主编　大 32 开　23.00 元　ISBN 7 - 5019 - 2896 - 7

86. 印版制作工艺——中等职业教育教材　李荣　主编　大 32 开　15.00 元　ISBN 7 - 5019 - 2932 - 7

87. 文字图像处理技术·文字处理——中等职业教育教材　吴欣　主编　16 开　38.00 元　ISBN

7 – 5019 – 4425 – 3

88. 印刷概论——中等职业教育教材　王野光　主编　大 32 开　20.00 元　ISBN 7 – 5019 – 3199 – 2

89. 包装印刷色彩——中等职业教育教材　李炳芳　主编　大 32 开　12.00 元　ISBN 7 – 5019 – 3201 – 8

90. 包装印刷材料——中等职业教育教材　孟刚　主编　大 32 开　15.00 元　ISBN 7 – 5019 – 3347 – 2

91. 印刷机械电路——中等职业教育教材　徐宏飞　主编　16 开　23.00 元　ISBN 7 – 5019 – 3200 – X

研究生

92. 印刷包装功能材料——普通高等教育"十二五"精品规划研究生系列教材　李路海　编著　16 开　46.00 元　ISBN 978 – 7 – 5019 – 8971 – 3

93. 塑料软包装材料结构与性能——普通高等教育"十二五"精品规划研究生系列教材　李东立　编著　16 开　34.00 元　ISBN 978 – 7 – 5019 – 9929 – 3

科技书

94. 纸包装结构设计（第三版）　孙诚　主编　16 开　58.00 元　ISBN 978 – 7 – 5184 – 0449 – 0

95. 科技查新工作与创新体系　江南大学　编著　异 16 开　29.00 元　ISBN 978 – 7 – 5019 – 6837 – 4

96. 数字图书馆　江南大学著　异 16 开　36.00 元　ISBN 978 – 7 – 5019 – 6286 – 0

97. 现代实用胶印技术——印刷技术精品丛书　张逸新　主编　16 开　40.00 元　ISBN 978 – 7 – 5019 – 7100 – 8

98. 计算机互联网在印刷出版的应用与数字化原理——印刷技术精品丛书　俞向东　编著　16 开　38.00 元　ISBN 978 – 7 – 5019 – 6285 – 3

99. 印前图像复制技术——印刷技术精品丛书　孙中华等　编著　16 开　24.00 元　ISBN 7 – 5019 – 5438 – 0

100. 复合软包装材料的制作与印刷——印刷技术精品丛书　陈永常编　16 开　45.00 元　ISBN 7 – 5019 – 5582 – 4

101. 现代胶印原理与工艺控制——印刷技术精品丛书　孙中华　编著　16 开　28.00 元　ISBN 7 – 5019 – 5616 – 2

102. 现代印刷防伪技术——印刷技术精品丛书　张逸新　编著　16 开　30.00 元　ISBN 7 – 5019 – 5657 – X

103. 胶印设备与工艺——印刷技术精品丛书　唐万有　等编　16 开　34.00 元　ISBN 7 – 5019 – 5710 – X

104. 数字印刷原理与工艺——印刷技术精品丛书　张逸新　编著　16 开　30.00 元　ISBN 978 – 7 – 5019 – 5921 – 1

105. 图文处理与印刷设计——印刷技术精品丛书　陈永常　主编　16 开　39.00 元　ISBN 978 – 7 – 5019 – 6068 – 2

106. 印后加工技术与设备——印刷工程专业职业技能培训教材　李文育　等编　16 开　32.00 元　ISBN 978 – 7 – 5019 – 6948 – 7

107. 平版胶印机使用与调节——印刷工程专业职业技能培训教材　冷彩凤　等编　16 开　40.00 元　ISBN 978 – 7 – 5019 – 5990 – 7

108. 印前制作工艺及设备——印刷工程专业职业技能培训教材　李文育　主编　16 开　40.00 元　ISBN 978 – 7 – 5019 – 6137 – 5

109. 包装印刷设备——印刷工程专业职业技能培训教材　郭凌华　主编　16 开　49.00 元　ISBN 978 – 7 – 5019 – 6466 – 6

110. 特种印刷新技术　钱军浩　编著　16 开　36.00 元　ISBN 7 – 5019 – 3222 – 054

111. 现代印刷机与质量控制技术（上）　钱军浩　编著　16 开　34.00 元　ISBN 7 – 5019 – 3053 – 8